LA ESTACIÓN ESPACIAL INTERNACIONAL

INNOVANT PUBLISHING
SC Trade Center: Av. de Les Corts Catalanes 5-7
08174, Sant Cugat del Vallès, Barcelona, España
© 2021, INNOVANT PUBLISHING SLU
© 2021, TRIALTEA USA, L.C. d.b.a. AMERICAN BOOK GROUP

Director general: Xavier Ferreres
Director editorial: Pablo Montañez
Producción: Xavier Clos
Diseño y maquetación: Oriol Figueras
Equipo de redacción:
Asesoramiento técnico: Cristian Rosiña,
Javier Peña, Oriol Puig, Xavier Safont
Redacción: Antoni Ardanuy Dellà
Edición y coordinación: Agnès Bosch
Edición gráfica: Emma Lladó, Javi Martínez
Créditos fotográficos: "Computer animation of the completed ISS in space" (©Discovery), "International Space Station (ISS)" (©Discovery), ©S. Corvaja/ESA, ©J. Hatton/ESA; "Venus Tablet of Ammisaduqa" (Creative Commons), "USSR engraving of Johannes Kepler" (©Shutterstock), "Frontispiece of the Rudolphine Tables" (Public Domain), "Mathematici Olim Imperatorii Sonium Cover" (Public Domain), "Portrait of Sir Isaac Newton" (Public Domain), "L'arrivée du projectile à Stone-Hill" (Public Domain), "Tian-An-Men Square in central Beijing" (©Shutterstock), "Dr. Robert H. Goddard" (©NASA), "Dr. Robert H. Goddard and liquid oxygen-gasoline rocket" (©NASA), "German technicians stack the various stages of the V-2 rocket" (©NASA), "Sputnik" (©NASA), "Edwin Aldrin walking on the lunar surface" (©NASA), "Close-up view of the Skylab Space Station" (©NASA), "Russia's MIR Space Station" (©NASA), "Galileo's Sketches of the Moon" (Public Domain), "A depction of the Apollo Command Module" (©NASA), "The five F-1 engines of the huge Apollo/Saturn V" (©NASA), "Pathfinder on Mars" (©NASA), "Depiction of the Magnetosphere" (©NASA), "The International Space Station" (©NASA), "Beam wave Guide antennas at Goldstone" (©NASA), "View of the FCR-1" (©NASA), "Earth observation taken by the Expedition 35 crew" (©NASA), "The Canadarm2 Space Station Remote Manipulator System" (©NASA), "Astronaut Karen Nyberg of Expedition 36" (©NASA), "Astronauts Thomas D. Jones and Mark L. Polansky" (©NASA), "Canadian Space Agency astronaut Chris Hadfield" (©NASA), "Hurricane Ivan photographed by Expedition 9" (©NASA), "The russian LADA greenhouse" (©NASA), "LED plant growth lights" (©NASA), " VSS Unity takes to the skies for her Third Powered Test Flight" (©Virgin Galactic).

···

ISBN: 978-1-68165-874-2
Library of Congress: 2021934003

···

Impreso en Estados Unidos de América
Printed in the United States

ÍNDICE

INTRODUCCIÓN

Estación espacial: una expresión consolidada en nuestro vocabulario cotidiano y que ya no asombra a casi nadie. La mayoría de los humanos formamos parte de la llamada era espacial, seamos o no conscientes de ello. Pero lo que hoy parece tan normal no lo era hace relativamente poco. Ha sido toda una proeza tras siglos de conocimiento acumulado por grandes investigadores de todos los rincones del planeta, que confluyó el pasado siglo XX en el mayor avance tecnológico jamás logrado por la humanidad: la Estación Espacial Internacional.

El hombre siempre fantaseó con volar y alcanzar el espacio, pero los pioneros que sentaron las bases para el lanzamiento de un cohete fueron Robert Esnault-Pelterie, Robert Goddard, Hermann Oberth y Konstantín Tsiolkovski. Este último fue el primero en teorizar sobre la posibilidad de que un cohete con motor de propulsión líquida acelerara lo suficiente para vencer la gravedad terrestre. El norteamericano Robert Goddard lo hizo realidad en 1926, cuando lanzó el primer cohete con propulsión líquida (se elevó tan solo 12 m, pero bastó para que Goddard inscribiera su nombre en la historia de la astronáutica). Hermann Oberth, de origen rumano, fue quizá el más influyente de todos desde una perspectiva científica y técnica, pues escribió el primer libro (su tesis doctoral) sobre la propulsión de los cohetes y la navegación espacial.

Paradójicamente, la guerra también contribuyó al avance tecnológico que representaba el lanzamiento de cohetes. Durante la Segunda Guerra Mundial, en plena vorágine por evitar la derrota a toda costa, la cúpula nazi se volcó en el desarrollo de armas secretas. Entre ellas, el cohete V-2 (Vergeltungswaffe 2, o «arma de represalia 2») fue el primero realmente operativo de la historia (estuvo en servicio desde septiembre de 1944). Detrás del proyecto se hallaba un controvertido personaje: Wernher von Braun, cuya pasión por el espacio y los cohetes le venía de muy joven, cuando tenía atemorizados a sus vecinos con sus pruebas caseras. Era la culminación de un camino, iniciado a comienzos de siglo, que desembocaría en el nacimiento de una nueva ciencia: la astronáutica.

El desarrollo de las armas nazis no fue más que un preámbulo. En general se conoce poco la auténtica carrera que, a finales de la Segunda Guerra Mundial y en pleno avance sobre Alemania, mantuvieron las tropas norteamericanas y las soviéticas en pos de la factoría de los V-2. Estados Unidos fue el primero en llegar y se llevó buena parte del material y también de los ingenieros, entre ellos a Von Braun. Cuando los soviéticos aparecieron, solo quedaban los restos; en cualquier caso, les bastaron para estudiar a fondo el funcionamiento de los cohetes alemanes.

La carrera hacia la conquista del espacio continuó y entró en una nueva etapa, en medio de una contienda soterrada: la Guerra Fría. La competitividad a la que se entregaron la Unión Soviética y Estados Unidos conduciría a una evolución técnica sin precedentes. Sus verdaderos protagonistas fueron, en el lado estadounidense, Wernher von Braun, conocido por el público mundial, y, en el lado soviético, Serguéi Koroliov, de quien nada se supo hasta que, tras la caída de la URSS, se tuvo acceso a archivos clasificados. Así, el 4 de octubre de 1957, trece años después de los lanzamientos de los V-2, se puso en órbita terrestre el primer objeto de fabricación humana, un satélite artificial, el Sputnik 1, de producción soviética. Al cabo de tres años y medio, el 12 de abril de 1961, la URSS cosechaba otra victoria: el lanzamiento a la órbita terrestre del primer ser humano, el cosmonauta ruso Yuri Gagarin. Estos dos hitos fueron un duro golpe a las aspiraciones de Estados Unidos de inaugurar la conquista del espacio exterior. Lejos de tirar la toalla, el presidente John F. Kennedy anunció, un mes y medio después de la proeza de Gagarin, que antes del final de la década el país mandaría un hombre a la Luna. Y cuando faltaban pocos meses para que expirase el plazo, el 20 de julio de 1969, los norteamericanos hicieron realidad un antiguo sueño de la humanidad: pisar la Luna. Entre el primer cohete que voló rozando el límite de la atmósfera, el V-2, y el primer hombre que caminó sobre nuestro satélite solo pasaron veinticinco años, una sola generación, y casi dos desde que el cohete de Goddard se había alzado 12 m sobre el nivel del suelo.

Estos pocos años de acelerada carrera tecnológica dejaron un legado del que seguimos disfrutando en todos los ámbitos de la vida: desde avances en materiales, electrónica e informática hasta progresos en medicina y bienestar personal. En ocasiones se pone en tela de juicio el enorme costo de proyectos de esta envergadura, pero cuando se analiza el progreso que han deparado en un periodo de tiempo tan corto de la historia de la humanidad, el resultado abrumadoramente positivo del balance costo-beneficio no admite contestación.

La llegada a nuestro satélite marcó el final de una etapa y un cambio de rumbo, en parte porque la carrera a la Luna ya tenía un vencedor y también porque se hizo patente la necesidad de reducir los exorbitantes presupuestos de los años anteriores. A partir de entonces, el objetivo fue la conquista del espacio cercano a la Tierra, de ahí el nacimiento de las estaciones espaciales. La idea era habitar el espacio que rodea el planeta, con vistas a ir mucho más allá de la Luna. Se habla de estaciones espaciales, en plural, porque la Estación Espacial Internacional, o ISS por sus siglas en inglés (International Space Station), es una más, la última, la de mayor tamaño, la más sofisticada, desde que se empezaron a construir en 1971. Los nombres de Mir o Skylab seguro que les resultan familiares.

Se podría decir que una estación espacial es un satélite artificial pero de dimensiones mucho mayores. El proceso de lanzamiento es parecido, las reglas que rigen su navegación en el espacio son las mismas y los problemas que debe superar son similares. La diferencia radica en el tamaño y en la necesidad de hacerla habitable para los seres humanos.

La ISS, la mayor estructura humana puesta en órbita, suponía una inversión de tal magnitud que solo fue posible gracias a la colaboración entre diversos países. Las empresas de este tipo requieren una dotación económica y una dedicación de tiempo tan grandes que difícilmente son asumibles por un solo país.

Ningún niño se sorprende ya de ver una nave espacial o un cohete, ni nada relacionado con el espacio. Tenemos la suerte de

9

vivir una época emocionante, sin parangón en la historia de la humanidad. La creciente simplificación de los viajes espaciales hace que la aventura del ser humano en el espacio, protagonizada por una larga lista de hombres y mujeres, esté cada vez más al alcance de cualquier persona (si bien debemos tener presente que el riesgo nunca es nulo y que, según la NASA, siempre es una operación compleja). Es más que probable que en el futuro los viajes espaciales se vuelvan rutinarios, y entonces seguramente perderán algo del encanto que mantienen hoy día, el del descubrimiento y el avance. Sin embargo, cabe esperar que se establezcan nuevas fronteras que explorar.

Hablando en términos muy globales, es la primera vez tras varios miles de millones de años de vida en la Tierra que un organismo se aventura a ir más allá, fuera del planeta, aunque solo sea a unos cientos de kilómetros sobre su superficie. Esta hazaña sólo admite comparación con el momento en que el primer pez salió del agua y pisó tierra firme.

10

En este libro seguiremos los pasos que ha dado el ser humano y los logros tecnológicos que ha cosechado hasta tener una casita en el espacio.

LA CONQUISTA DEL ESPACIO:

Una tecnología en constante evolución

El ser humano siempre ha mirado el universo con curiosidad, con voluntad de entenderlo, de alcanzarlo. Sin embargo, han hecho falta siglos de observaciones, teorías y experiencias para poner en órbita diferentes ingenios que nos permitirán saber qué hay más allà.

CURIOSOS BIEN FORMADOS

No cabe duda de que el conocimiento necesario para llegar a poner en órbita una estación espacial es inmenso, máxime cuando se trata de preservar la vida en un entorno hostil. Este conocimiento no se ha obtenido en una sola generación de científicos, ni siquiera en cien, sino que se ha ido acumulando durante siglos. Desde muy antiguo el ser humano se ha preguntado sobre los límites del mundo en el que habita y sobre la posibilidad de ir más allá. Cuando solo despegábamos los pies del suelo para coger impulso y dar un pequeño salto, ya mirábamos al firmamento e intentábamos medirlo. Queríamos encontrar regularidades en la naturaleza que nos rodea, lo que nos llevó a formular leyes y teorías, y a hacernos preguntas, muchas preguntas: la pregunta como motor del pensamiento.

En las culturas antiguas, hace varios milenios, los curiosos de la época (un sabio no es más que un curioso bien formado) se hacían básicamente las mismas preguntas que nosotros sobre la naturaleza del mundo y sobre el propio ser humano. Sin embargo, las respuestas estaban limitadas lógicamente por el conocimiento del que partían, y a menudo los dioses explicaban aquello que la razón o aún no tenía a su alcance. Las culturas de la antigua Mesopotamia ya dividían el cielo por constelaciones: agrupaciones de estrellas con ciertas formas que simbolizaban algún dios de la época. Las tablillas de arcilla con escritura cuneiforme contienen observaciones astronómicas que constatan el uso de cálculos matemáticos para determinar la duración del día. Por ejemplo, en la *Tablilla de Venus de Ammisaduqa* (siglo VII a.C., conservada en el Museo Británico), que es una copia de un texto babilónico escrito mil años antes, se detallan observaciones sobre el planeta Venus y se anotan sus salidas y puestas durante un periodo de 21 años. Este es el registro más antiguo del que tenemos constancia sobre un astro de forma periódica. Desde que en Mesopotamia se registró por primera vez el recorrido de Venus sobre el firmamento hasta que se establecieron las primeras leyes que explican el movimiento de los planetas, ¡pasaron más de 3.300 años!

Copia conservada en el Museo Británico de un texto babilónico
que contiene observaciones de las salidas y puestas del
planeta Venus a lo largo de 21 años. Se trata del registro
periódico de un astro más antiguo del que se tiene constancia.

APUNTANDO A LA LUNA: DE KEPLER A JULIO VERNE

EL CONFLICTO ENTRE LAS CREENCIAS Y LA RAZÓN

La humanidad tendría que esperar hasta el siglo XVII para saber dónde se situaban exactamente los planetas y qué movimientos describían. El responsable fue el matemático y astrónomo alemán Johannes Kepler (1571-1630), que, con sus tres leyes acerca del movimiento de los cuerpos celestes, formuló la manera de localizarlos en órbitas elípticas alrededor del Sol, con este en uno de sus focos, tal y como reza su primera ley. Estas leyes significaron un gran salto, un cambio de paradigma revolucionario en el pensamiento humano. Junto con la aportación también revolucionaria de Nicolás Copérnico (1473-1543) con su heliocentrismo (que rompe con la concepción geocentrista del mundo), supuso el abandono definitivo del modelo platónico, que se había mantenido vigente más de dos mil años.

Si Copérnico «descentra» el modelo platónico situando el centro del Universo en el Sol y no en la Tierra, Kepler suprime los principios de uniformidad y de circularidad, dando carpetazo a un sistema de órbitas harmoniosas y perfectamente circulares. Kepler colaboró con el astrónomo Tycho Brahe (1546-1601), que tenía una concepción muy estricta de la observación astronómica. Apoyándose en los datos de Brahe y en sus propias observaciones, Kepler realizó unos cálculos que le dieron pie a formular las tres leyes que explican el movimiento de los planetas en el seno del Sistema Solar.

En 1627 Kepler publicó las *Tablas rudolfinas*, en honor al emperador Rodolfo II de Habsburgo. Este catálogo de 1.005 estrellas de referencia, que además incluía instrucciones y cálculos a modo de ejemplo para obtener las posiciones de los planetas del Sistema Solar, se convirtió en una obra capital para la comunidad científica. Kepler estableció la posición de Venus a lo largo del tiempo y predijo sus tránsitos por delante del Sol, cuya periodicidad fijó en 130 años.

Grabado de Johannes Kepler (1571-1630). Gracias a estas tres leyes acerca del movimiento de los cuerpos celestes se pudieron localizar los planetas en órbitas elípticas alrededor del Sol. Además de permitir realizar el primer cálculo preciso de los movimientos planetarios, estas leyes supusieron un gran avance en el pensamiento humano.

17

LA GRAVITACIÓN UNIVERSAL

Pese a que Johannes Kepler fue capaz de describir las reglas universales que rigen el movimiento planetario, no llegó a comprender nunca qué fuerza era la responsable de que los cuerpos celestes se comportasen así.

Fue Isaac Newton (1643-1727) quien explicó el fenómeno mediante la ley de la gravitación universal. El descubrimiento más importante de la revolución científica que se produjo en los siglos XVI y XVII es el de la ley de la gravitación universal de Isaac Newton. El científico inglés se percató de la relevancia de las tres leyes de Kepler y las explicó a través de su teoría.

En 1627, Kepler publicó las *Tabulae Rudolphinae: quibus astronómicae* (Tablas rudolfinas), un catálogo de 1.005 estrellas, que además incluía instrucciones y cálculos a modo de ejemplo para obtener las posiciones de los planetas del Sistema Solar. En su época fue una obra capital para la comunidad científica.

18

Y KEPLER SOÑÓ CON LA LUNA...

En 1608 Kepler escribió una novela titulada *Somnium* (El sueño), que no vio la luz hasta después de su muerte, en 1634. Su publicación póstuma no es casual, ya que el científico alemán defendió el modelo heliocéntrico de Copérnico, en contraposición al geocéntrico abanderado por el poder eclesiástico de entonces, lo que le acarreó no pocos problemas. Puede resultar sorprendente que un hombre de ciencia como él escribiera un texto de este tipo (considerado por Carl Sagan e Isaac Asimov la primera obra de ciencia ficción de la historia), pero debemos tener en cuenta la época en la que vivió, en la que poco a poco la razón se iba imponiendo a las creencias pero con un coste personal inmenso. Baste pensar en Galileo y los juicios a los que estuvo sometido por cuestiones parecidas. En Kepler se dan las contradicciones que, a lo largo de los siglos, también han afectado a otros científicos como consecuencia del conflicto entre la educación moral y religiosa recibida y el pensamiento analítico con base en lo observado e inferido. El científico alemán intentó en un principio justificar la idea vigente de la circularidad de las órbitas planetarias, hasta que la propia evidencia le obligó a desecharla y admitir que en realidad eran elípticas. Este conflicto entre el pensamiento impuesto y la razón le acompañaría toda su vida. De ahí que Kepler narre *Somnium* como si de un sueño se tratara, artificio que le sirvió para ocultar su punto de vista bajo una apariencia de novela mitológica. En esta obra, un narrador anónimo se queda dormido tras observar la Luna y las estrellas, y sueña que lee una biografía del joven islandés Duracotus. Duracotus, después de haber trabajado con Tycho Brahe, regresa a su país para aprender de su madre los secretos de los espíritus más sabios, que viajan entre la Tierra y la Luna. La madre, bruja, invoca a uno de estos espíritus, que les habla sobre la naturaleza de nuestro satélite. Con este recurso literario, Kepler describe la bóveda celeste observada desde la Luna.

Explica los eclipses y menciona la gravedad (aunque Kepler nunca la formulara); asume la existencia de las mareas debido a la atracción conjunta del Sol y la Luna, y expone que la ruta más corta hasta el satélite no es una recta, sino una curva. Amparándose en una novela fantástica, Kepler describe multitud de fenómenos físicos e invita al lector a que los descubra por sí mismo. En vida de Kepler se condenó a cerca de cien mil brujas en Europa, casi un tercio de las cuales eran alemanas como él. De hecho, su propia madre fue acusada de brujería y él mismo tuvo que defenderla ante los tribunales. Al cabo de tres siglos la humanidad viajaría a la Luna, y no recurriendo a las artimañas de la brujería, sino gracias en buena parte a los descubrimientos de Kepler, apuntados de forma fantástica en su novela.

IOH. KEPPLERI
MATHEMATICI
OLIM IMPERATORII
SOMNIVM,
Seu
OPVS POSTHVMVM
DE ASTRONOMIA
LVNARI.
Divulgatum
à
M. LUDOVICO KEPPLERO FILIO,
Medicinæ Candidato.

*Impreſſum partim Sagani Sileſiorum, abſolutum Fran-
cofurti, ſumptibus hæredum
authoris.*

ANNO M DC XXXIV.

Retrato de Isaac Newton (1643-1727), Godfrey Kneller.
Entre el vasto legado de Newton, uno de los más grandes
científicos de toda la historia, se cuentan la ley de la
gravitación universal, las leyes de los movimientos de los
cuerpos y su formulación matemática. Sus leyes forman
la base de la llamada mecánica clásica o newtoniana.

El cálculo preciso de las órbitas y de su variación continua es
imprescindible para la navegación espacial.

Más adelante mostraremos los sencillos términos de la fórmula de Newton para el cálculo de la gravitación universal.

En *Philosophiae naturalis principia mathematica* (1687), además
de desarrollar los cálculos que ya hemos mencionado, Newton
expone las tres **leyes de la dinámica** (conocidas también como
leyes de Newton) con las que aborda la **mecánica clásica**. Estas
leyes son fundamentales para entender el funcionamiento de un
cohete: se impulsa al espacio gracias a las fuerzas de acción-reacción que se originan cuando expele a gran velocidad los gases
producidos en su cámara de combustión.

21

Sus estudios también a crear el telescopio reflector con espejos.
Este instrumento, que lleva su nombre, ha propiciado múltiples
diseños empleados hoy día en todos los ámbitos de la astronomía
y la exploración espacial.

CON LA CABEZA EN LA LUNA

Trataremos ahora la figura de Julio Verne. ¿Qué pinta el escritor
francés en este apartado? Muy sencillo: a través de sus novelas,
Julio Verne tuvo la agudeza de analizar el estado del conocimiento
científico de su época y proyectarse al futuro, avanzando la creación de ingenios que se realizarían en los años venideros.

Verne nos da una vuelta por nuestro satélite en sus obras *De la
Tierra a la Luna* (1865) y *Alrededor de la Luna* (1870), en las que con
todo lujo de detalles explica los preparativos de los viajes espaciales y ofrece un sinfín de información técnica relacionada con
la geografía de la Luna y su órbita, las fases lunares e incluso el
porqué de que nos muestre siempre la misma cara. También proporciona datos fisicoquímicos acerca de los explosivos necesarios
para impulsar la bala de cañón que llevará a los protagonistas a
la Luna en un viaje de cuatro días. Sorprendentemente, el primer

En la novela *De la Tierra a la Luna* Julio Verne imagina una forma rudimentaria de viajar hasta nuestro satélite. A pesar de que está muy lejos de lo que finalmente ocurrió en la realidad, contiene unos conceptos básicos interesantes. En su obra, la nave espacial era un proyectil propulsado por un cañón gigantesco.

vuelo tripulado que orbitó la Luna, tuvo una duración de ¡cuatro días! Asimismo, Verne explica cómo obtener oxígeno para poder respirar en ausencia de la atmósfera terrestre y describe las bondades del aluminio en la fabricación de la citada bala, entre otras revelaciones.

Verne anticipa en estas dos novelas lo que acabará siendo una nave espacial, aunque permitiéndose ciertas licencias e incurriendo en algunos errores. Aun así, Verne hace aportaciones de gran valor, como cuando destaca el carácter imprescindible de la cooperación internacional para realizar una empresa de esta envergadura, algo absolutamente demostrado en la construcción de la Estación Espacial Internacional.

22

PIONEROS Y DESCONOCIDOS:

Para ponernos en órbita terrestre hay que contar con una fuerza capaz de vencer la gravedad. Las únicas que permiten tal cosa son las de acción-reacción formuladas en las leyes de la dinámica de Newton del siglo XVII. A lo largo de la historia se han descrito diversos ingenios basados en estas fuerzas, que describimos a continuación.

La primera descripción de un artefacto cuyo movimiento se fundamentaba en las fuerzas de acción-reacción se remonta al año 400 a.C. aproximadamente. Al parecer, en la Magna Grecia, Arquitas de Tarento entretenía a sus conciudadanos haciendo «volar» una paloma de madera colgada de unos cables y propulsada por un chorro de vapor a presión.

Unos trescientos años después, Herón de Alejandría inventó la eolípila, que consistía en una esfera con agua en su interior. Se calentaba hasta llevar el agua a ebullición y el vapor resultante salía por unos tubos curvos opuestos, haciendo girar la esfera

La primera aplicación recreativa de los cohetes fueron los fuegos artificiales, aunque se basan en el mismo principio que los que van al espacio. en la imagen, fuegos en la plaza Tiananmén en Pekín.

24

中华人民共和国万岁

世界人民大团结万岁

sobre el eje que la sustentaba. Una vez más, el principio implicado era el de acción-reacción. La eolípila está considerada la primera máquina térmica de la historia, precursora de las turbinas de vapor actuales.

No está claro cuándo se utilizaron los primeros cohetes, pero sabemos que en el siglo I d.C. los chinos ya habían inventado la pólvora, con la que rellenaban las cañas huecas de bambú para hacerlas explotar en fiestas y en rituales religiosos. Probablemente en ocasiones no se producía su explosión y los gases salían despedidos, produciendo el desplazamiento alocado de los tubos. Algún observador avezado debió de extraer las conclusiones pertinentes para fabricar los primeros cohetes de pólvora negra, que más tarde sería conocida como pólvora de cañón.

Los primeros cohetes utilizados de manera efectiva datan de 1232, cuando en el transcurso de la batalla de Kaifeng los chinos repelieron el ataque mongol mediante «flechas voladoras de fuego». Por lo visto, más que sus cualidades como armas de guerra, fue el terror que sembraron entre los soldados y las bestias lo que provocó la huida de los mongoles. Se trataba de flechas comunes y corrientes, emplumadas y con un tubo adosado que contenía la pólvora impulsora. Con el tiempo se dieron cuenta de que, incluso con las plumas quemadas, las flechas continuaban su trayectoria. En la evolución de este artefacto, el tubo que contenía la pólvora pasó a situarse en la parte anterior y se eliminaron tanto las plumas como la punta de la flecha. A su vez, el extremo delantero del tubo se sustituyó por una cabeza cónica. Entre los siglos XIII y XV, el uso de los cohetes se difundió por toda Europa. Así, son múltiples las batallas en las que se menciona algún tipo de ingenio volador con el mismo funcionamiento. En 1680, el zar Pedro el Grande establece en Moscú la primera fábrica de cohetes destinados a iluminar el campo de batalla. Poco después, en 1687, Isaac Newton explica por qué los cohetes vuelan según los principios físicos

En 1232, en el transcurso de la batalla de Kaifeng los chinos utilizaron cohetes para sembrar el terror en las tropas enemigas.

de la dinámica: para cada acción hay una reacción igual y opuesta (tercera ley de Newton). Este es el principio fundamental que hay detrás de la propulsión de los cohetes.

Edward Mounier Boxer (1822-1898), a partir del desarrollo del cohete ideado por Henry Trengrouse para lanzar líneas de rescate a los barcos en peligro, introduce una variante: el cohete de dos etapas, que permite llegar más lejos o lanzar una línea (cabo) de más peso. Este artefacto podía transportar una línea de cáñamo de 13 mm de diámetro a unos mil pies de distancia (algo más de 300 m). Los cohetes Boxer se utilizaron hasta después de la Primera Guerra Mundial. Otro uso civil de los cohetes fue la caza de ballenas, por ejemplo.

¿EXPLORAR EL ESPACIO CON COHETES?

Entre finales del siglo xix y comienzos del xx, una idea en principio tan rocambolesca como explorar el espacio toma forma en la mente de algunos científicos. En 1898 Konstantín Tsiolkovski (1857-1935), el «padre de la cosmonáutica», propuso hacerlo mediante el uso de cohetes. Afirmó que para lograr un mayor alcance era necesario utilizar combustibles líquidos, y planteó la que sería conocida como ecuación del cohete de Tsiolkovski, publicada en 1903.

Según esta fórmula, el cohete puede acelerar mediante el empuje causado por la expulsión de parte de su masa a alta velocidad en el sentido contrario al de la aceleración, obtenida esta gracias a la conservación de la cantidad de movimiento. Concibió cabinas presurizadas y escudos contra los meteoritos, así como diversos modelos de cámaras de combustión para los motores, diseños de giroscopios para el control del cohete, sistemas de respiración y un sinfín de aportaciones. Este ingente trabajo le ocupó toda su vida. Sin embargo, Tsiolkovski no estaba solo. Un contemporáneo suyo, el peruano Pedro Paulet (1874-1945), consiguió en 1900, gracias a su motor cohete de 2,5 kg, una fuerza de 100 kg de empuje. Por ese motivo está considerado un pionero del motor de propulsión líquida y uno de los padres de la aeronáutica. Entre una infinidad de aportaciones, destaca su avión torpedo (1902), lo que él denominaba su «avión perfecto»: una especie de barco aeroespacial con elementos aerodinámicos y materiales resistentes a las duras condiciones del espacio, cuya habitabilidad sería suficiente para albergar una pequeña tripulación.

No obstante, los trabajos de Paulet fueron poco divulgados, por lo que el título de «padre de la propulsión líquida» recayó finalmente en el estadounidense Robert H. Goddard, quien logró en 1926 que un cohete con motor de propulsión líquida volase por primera en la historia, aunque apenas se elevara 12 m sobre el nivel del suelo.

En 1919 publicó la que se convertiría en su obra de referencia, *A Method of Attaining Extreme Altitude* (Un método para alcanzar altitudes extremas), que, a pesar de las innumerables críticas cosechadas, sentó las bases tecnológicas para el desarrollo de la cohetería moderna. Goddard llegó incluso a probar los motores de iones, aunque reconocía que la solución estaba en los motores de propulsión líquida, pues, según sus propias estimaciones, los de combustible sólido solo transformaban en empuje un 2% de dicho combustible.

27

En trabajos posteriores incrementó hasta un 63% la eficiencia de estos motores, todo un avance para la época. Gracias a la financiación privada (por aquel entonces el gobierno de Estados Unidos no tenía gran interés por el desarrollo de la cohetería), Goddard pudo establecerse en Nuevo México junto a un pequeño grupo de técnicos. Allí construyeron cohetes cada vez de mayor tamaño y alcance, con cotas de hasta 2.300 m de altura. Aun así, los cohetes de Goddard no merecieron la debida atención y fueron considerados un fracaso en comparación con los desarrollados en Alemania. Qué duda cabe que la falta de financiación afectó al desempeño de su trabajo: mientras que sus ingenios no sobrepasaron los 3.000 m de altura, el cohete germano A-4 (V-2) recorrió en 1942 una distancia de 200 km alcanzando el límite exterior de la atmósfera. Entre la inacabable lista de patentes que llegó a poseer fruto de sus investigaciones, se contaba la del cohete de varias etapas.

Además, mejoró los sistemas de guía y control con giróscopos y paletas de control en la tobera, así como los sistemas de bombas y el resto de los equipos de combustible líquido. Años después, Von Braun reconocería que las contribuciones de Goddard allanaron el camino para los avances posteriores.

El ingeniero y físico estadounidense Robert Goddard (1882-1945) trabajando en su taller en la fabricación de un cohete. Corría el año 1935.

TIEMPOS DE GUERRA:
COHETES Y MISILES

En 1927, con tan solo diecisiete años, Wernher von Braun se unió a la Verein für Raumschiffahrt (VfR, Sociedad para viajes espaciales), un grupo de jóvenes científicos que diseñaron y construyeron cohetes y editaron una revista, *Die Rakete* (*El Cohete*).

La VfR se disolvió y en Alemania (donde ya se habían realizado pruebas de propulsión con cohetes en trineos, trenes, coches y aviones) cesaron las pruebas en el ámbito privado. Pero Von Braun empezó a trabajar para el ejército alemán en la construcción del cohete A-1 (Aggregat-1), cuya tendencia a incendiarse hizo que fuera sustituido por el A-2. En 1937 se diseñó el A-3 tras resolver los problemas de propulsión y de guía inercial de los modelos anteriores. Cuando Alemania comenzó la invasión de Europa del Este, el Departamento de Artillería germano sugirió la necesidad de desarrollar un arma balística con un alcance de más de 300 km y una ojiva explosiva de una tonelada. Además, debía poder transportarse en ferrocarril (y, por tanto, ser compatible con los túneles de la red y los radios de giro de las vías) y también por carretera en camiones. El resultado fue el cohete A-4. Wernher von Braun lideró el proyecto desde el principio y el A-4 fue un éxito rotundo: el primer cohete, lanzado en 1942, recorrió una distancia de 200 km y alcanzó una altura de 80 km. Más tarde se rebautizó como V-2, y se estima que a lo largo de toda la contienda se fabricaron unos cinco mil misiles V-2. Wernher von Braun y su equipo sentaron las bases para llevar un cohete tripulado al espacio, confeccionando distintos diseños hasta llegar al modelo A-12. Los alemanes tenían previsto acoplarlo a un A-11 y, en otra etapa, a una versión A-10, lo que hubiese permitido transportar algo más de 27.000 kg al espacio. Todo esto sucedía en plena Segunda Guerra Mundial, y no cabe duda de que estos planes se habrían llevado a cabo si la guerra hubiera discurrido por otros derroteros.

Técnicos alemanes montando un cohete V-2. Algunos ingenieros
y científicos germanos fueron capturados por las tropas
norteamericanas al final de la Segunda Guerra Mundial y pasaron
a trabajar en el desarrollo del programa espacial estadounidense.

A principios de 1945, y dado el cariz que tomaba la contienda,
Von Braun y su equipo se entregaron a las tropas de Estados Unidos.
Cuando por fin los aliados consiguieron entrar en las instalaciones
Mittelwerk, donde se construían los V-2, encontraron material suficiente para montar cerca de 100 misiles. Entre el 22 y el 31 de mayo
de 1945 se apresuraron a sacarlo de allí para enviarlo a Estados
Unidos. Un día después, las tropas soviéticas irrumpían en la factoría para hacerse con el mando, pues tras la Conferencia de Yalta
la jurisdicción de la zona pasó a pertenecer a la Unión Soviética.
No obstante, no solo había desaparecido el material, sino también
los documentos: consciente de que no era posible llevárselos con-
sigo por su enorme volumen tras años de intensa investigación,
Von Braun había mandado a dos de sus asistentes que los ocultaran
cerca de la localidad de Dorten.

El 21 de mayo las tropas estadounidenses recuperaron 14 toneladas de documentos gracias a la colaboración de técnicos alemanes. Es evidente que todos estos registros, junto con el material
incautado y el traslado de los científicos alemanes, dio cierta ventaja a Estados Unidos frente a la Unión Soviética en la carrera por
alcanzar la Luna.

UN CONFLICTO CON LA MIRADA PUESTA EN EL ESPACIO:

Aunque la mejor parte del botín se la llevó Estados Unidos, los soviéticos no se quedaron con las manos vacías. Se hicieron con un ingente material relativo a los V-2, con científicos expertos en propulsión y orientación, y con cientos de operarios cualificados. Los ingenieros alemanes fueron trasladados a las inmediaciones de Moscú, donde continuaron trabajando durante un tiempo en la mejora del V-2. En 1947 se creó la Comisión Estatal para valorar la posibilidad de fabricar misiles balísticos de largo alcance, y ese mismo año se lanzó un nuevo V-2 que llegó a unos 800 km de distancia. Gracias al conocimiento de los ingenieros alemanes y al de los propios investigadores de la URSS (entre ellos Serguéi Koroliov), la investigación y desarrollo de los misiles balísticos soviéticos tomó la delantera a Estados Unidos, una circunstancia que se prolongaría una década. Había empezado el secretismo, el espionaje y la Guerra Fría.

¡MÁS ALTO, SPUTNIK!

Dos hitos demuestran la superioridad de la Unión Soviética en el desarrollo de misiles al inicio de la Guerra Fría: el 4 de octubre de 1957, el lanzamiento del satélite Sputnik 1, el primer ingenio que orbitó la Tierra, y, el 12 de abril de 1961, el cosmonauta Yuri Gagarin realiza el primer viaje del hombre al espacio. Era el pistoletazo de salida de la carrera espacial.

Tan solo cuatro meses después del lanzamiento del Sputnik 1, Estados Unidos hizo lo propio con el Explorer 1. Los datos obtenidos por estos dos artefactos, los primeros de construcción humana en ser puestos en órbita terrestre, sirvieron, por parte soviética, para determinar la densidad de la atmósfera superior y, por parte estadounidense, para descubrir los cinturones de Van Allen.

En 1958, al cabo de un año de la puesta en órbita terrestre del Sputnik 1, Estados Unidos fundó una agencia dedicada a la exploración del espacio con fines pacíficos: la NASA, acrónimo en inglés de National Aeronautics and Space Administration (Administración Nacional de Aeronáutica y del Espacio). La

NASA albergó una buena cantidad de activos procedentes del campo militar, como el Laboratorio de Propulsión a Reacción y la Agencia de Misiles Balísticos del ejército estadounidense, dirigida por Von Braun, lo que se revelaría como un elemento clave en los éxitos de la agencia espacial.

LA DURA CARRERA POR ALCANZAR LA LUNA

Estados Unidos puso al frente del Centro de Vuelo Espacial Marshall de la NASA a Wernher von Braun para que dirigiera la construcción del propulsor Saturno V con vistas a enviarlo a la Luna. En el lado comunista, Serguéi Koroliov encabezó el programa espacial soviético como diseñador jefe y fue el artífice del lanzamiento del Sputnik y del programa Vostok, así como de la hazaña que supuso que un astronauta soviético (Alekséi Leónov) realizara el primer paseo espacial de la historia.

Después del duro revés que significaron para Estados Unidos la puesta en órbita terrestre del Sputnik y el primer vuelo espacial tripulado por parte de la Unión Soviética, el 25 de mayo de 1961 el presidente John F. Kennedy proclamó el objetivo de su país de mandar un hombre a la Luna antes del fin de la década. Acababa de señalar el rumbo hacia el éxito del proyecto norteamericano, que culminaría ocho años después, el 21 de julio de 1969. Neil Armstrong diría al pisar el suelo lunar: «Un pequeño paso para un hombre, un gran salto para la humanidad».

Los esfuerzos de ambas potencias, por separado pero en paralelo, continuarían en la década de 1970. Con posterioridad, y gracias a la colaboración de diversos países, se haría realidad la construcción de la Estación Espacial Internacional.

35

Abril de 1961, ante la mirada atónita del mundo, el cosmonauta soviético Yuri Gagarin realiza el primer viaje del ser humano al espacio.

Hoy, el Sputnik nos parece un juguete. Sin embargo, en su día, poner un objeto en órbita que transmitiera señales fue una conquista importante, a pesar de que su objetivo fuera más propagandístico que útil. La finalidad era sobrevolar Estados Unidos, ser visible de noche (por esa razón era esférico y su superficie muy pulida para que reflejase bien la luz solar) y que emitiera alguna señal detectable (el famoso bip, bip, bip... que los radioaficionados captaban sin ninguna dificultad cuando el satélite pasaba por «cerca»). Pesaba 82 kg, de los cuales 55 correspondían a las baterías; el resto eran dos transmisores de radio, las antenas y la carcasa más alguna electrónica auxiliar. Era un aparato tosco pero que causó un notable impacto social. En realidad, el satélite que realmente pretendían lanzar era el OD-1, con equipos de medida, que hubiera tenido una mayor relevancia en el ámbito técnico y científico. En la URSS hubo voces muy críticas con el abandono de este proyecto en aras de una maniobra propagandística.

Neil A. Armstrong y Edwin E. Aldrin fueron las primeras personas que, aterrizaron en la Luna a bordo del *Eagle*. El 20 de julio de 1969, este módulo se posó en la región conocida como el Mar de la Tranquilidad.

VIVIR Y TRABAJAR EN EL ESPACIO

Fueron tres los proyectos que precedieron a la Estación Internacional Espacial y llevaron a la comunidad internacional a abordar su realización: el programa soviético Saliut, la estación americana Skylab y la estación soviética Mir.

EL PROGRAMA SALIUT: SATÉLITES SOVIÉTICOS EN ÓRBITA

Las estaciones espaciales Saliut fueron puestas en órbita terrestre por el lanzador Protón, un cohete utilizado como misil balístico durante la Guerra Fría. De hecho, el Protón se utilizó para poner en órbita satélites de todo tipo, así como para el lanzamiento de los módulos de la estación espacial Mir y de los diversos componentes rusos de la Estación Espacial Internacional.

Entre 1971 y 1982 se lanzaron bajo el programa Saliut cinco estaciones espaciales civiles denominadas DOS y cuatro Almaz («Diamante») para uso militar. Las estaciones DOS fueron diseñadas en los años sesenta por el equipo de Serguéi Koroliov, mientras que el responsable de las Almaz fue el científico e ingeniero de cohetes Vladímir Cheloméi.

Entre los objetivos civiles de las Saliut se contaban la observación de estrellas mediante telescopios, el estudio médico y fisiológico de los efectos en el cuerpo humano de la microgravedad (es decir, un entorno con gravedad prácticamente cero) y la investigación del crecimiento de microorganismos, plantas y seres vivos de pequeño tamaño en el ambiente de las estaciones espaciales.

En el campo militar, se emplearon cámaras de altísima resolución para observar el globo terrestre, tanto en el espectro visible como en el del infrarrojo. La óptica de esta cámara estaba formada por un telescopio de 1 m de diámetro y 6,4 m de longitud focal, capaz de ofrecer detalles de la superficie terrestre de unos 0,5 m. También se ensayaron distintos tipos de radar dotados de un dispositivo de retorno con la información captada (película), que consistía en una cápsula que era lanzada desde la estación espacial para su recuperación en tierra con el fin de efectuar los análisis pertinentes. Asimismo permitía enviar imágenes a la Tierra con enlace de radio.

40

Conforme al desarrollo de la ingeniería espacial, las Saliut DOS 5 y DOS 6 se construyeron siguiendo un nuevo diseño de estación espacial: se les añadió un segundo puerto de acoplamiento para el reabastecimiento periódico de las estaciones, tanto de alimentos para los cosmonautas como de instrumental científico. En consecuencia, la duración de las expediciones se incrementó, lo que supuso una importante mejora en la explotación de los recursos empleados.

La tercera generación de estaciones espaciales soviéticas se vería plasmada en la estación espacial Mir (DOS 7) y, posteriormente, en el módulo Zvezda (DOS 8), que formaron parte de la Estación Espacial Internacional.

Imagen de la estación Skylab con la Tierra al fondo. La fotografía fue tomada desde el módulo de servicio y comando (CSM) durante las maniobras previas al atraque. Durante 59 días, los astronautas Alan L. Bean, Owen K. Garriott y Jack R. Lousma permanecieron en órbita a bordo del Skylab.

SKYLAB, LA PRIMERA ESTACIÓN ESPACIAL ESTADOUNIDENSE

En 1973 Estados Unidos lanzó su primera estación espacial, la Skylab 1, que estuvo operativa hasta 1979. Con un peso de 75 toneladas, se construyó a partir del diseño de las naves Apolo y de su lanzador Saturno V, cuya tercera sección se reutilizó en la Skylab desprovista de depósitos de combustible y motores. Impulsada por el cohete Saturno V, que la situó a 435 km de altura, la estación espacial estadounidense carecía de tripulación. No fue una misión muy afortunada, ya que sufrió desperfectos en los escudos de protección y en un panel solar. De ahí que el objetivo de la Skylab 2 consistiera en llevar a cabo las labores de reparación pertinentes, especialmente respecto a la habitabilidad, que había quedado muy mermada, y a los escudos, que no protegían de los rayos solares, lo cual provocaba un sobrecalentamiento de la estación y la dejaba expuesta al impacto de micrometeoritos que podían poner en peligro la vida de los astronautas y la integridad de sus equipos. Por otro lado, el suministro de energía eléctrica era crucial para la supervivencia a bordo. La tripulación del Skylab 2 realizó con éxito la misión y consiguió reparar los desperfectos en el transcurso de diversos paseos espaciales.

41

Las misiones Skylab 2, Skylab 3 y Skylab 4 completaron un periodo de permanencia habitada en la estación espacial de 171 días. Durante ese tiempo se realizaron 2.476 órbitas sobrevolando algo más del 75% de la superficie del planeta, lo que permitió capturar 40.286 fotografías sobre recursos terrestres de interés para la agricultura, la silvicultura, la geología y la oceanografía, así como para el estudio de hábitats costeros, la creación de mapas y la detección remota, entre un sinfín de aplicaciones. Se realizaron más de cien experimentos relacionados con el estudio del Sol y se obtuvieron más de 182.000 imágenes del astro rey. Igualmente, se emprendieron cientos de investigaciones en el campo de la

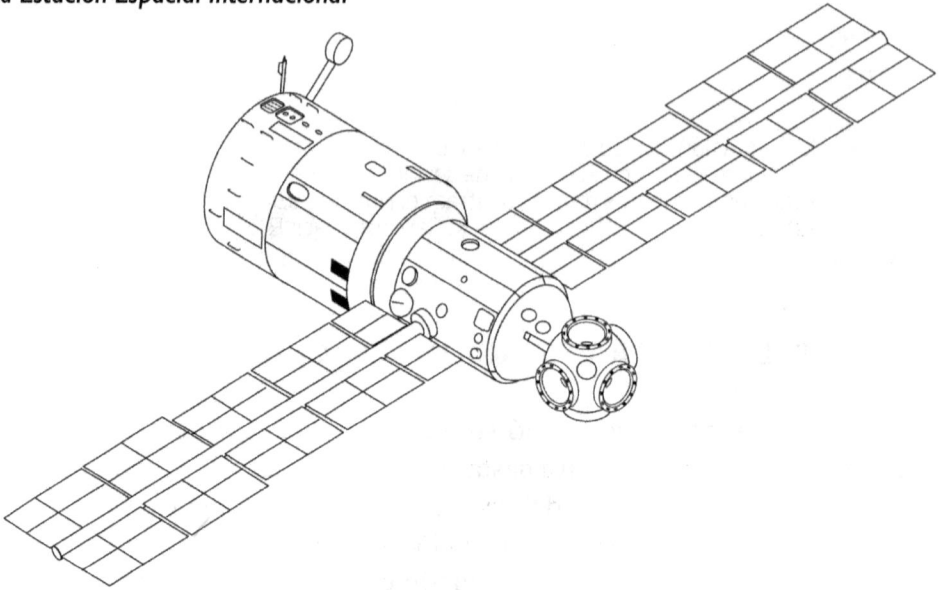

astronomía estelar y se estudió el cometa Kohoutek, que se convirtió en el mejor observado de la historia. Aprovechando las condiciones de microgravedad existentes en la estación espacial, se procesaron materiales imposibles de obtener en la superficie terrestre o cuyo costo hubiera sido elevadísimo. Se crearon cristales a partir de vapores y se analizó la formación de aleaciones metálicas con componentes de diferente densidad, la distribución homogénea en dopantes para semiconductores y en metales líquidos, etc. Los estudios médicos y fisiológicos de los astronautas estuvieron a la orden del día en las tres misiones. El objetivo principal era comprobar la adaptabilidad del organismo humano a la ingravidez y, en especial, la evolución de su estado en los vuelos de larga duración. Pudo constatarse una pérdida de masa muscular constante, así como de calcio óseo y de líquido corporal. Estos efectos, que se revertían a los pocos días del regreso a la Tierra, se habían observado en individuos sometidos a la gravedad terrestre tras un largo reposo en cama. También se evaluaron los efectos psicológicos de un medio ingrávido en las tripulaciones. En total, se llevaron a cabo dieciséis experimentos biomédicos, que determinaron por primera vez la incidencia real de los ambientes de gravedad cero en la salud humana.

Las misiones de la Skylab tuvieron asimismo una vertiente educativa. Numerosos estudiantes de secundaria tuvieron la oportunidad de participar en la actividad científica de la estación

42

Dibujo de la configuración inicial de estación espacial Mir en 1986. Basada en las estaciones Saliut, sus antecesoras, con el tiempo se le añadieron módulos que se ensamblaron en el espacio, hasta llegar a una estación de dimensiones bastante mayores, convirtiéndose en un amplio laboratorio espacial. El 23 de marzo del 2001 se provocó la reentrada en la atmósfera terrestre y su destrucción.

espacial diseñando algunos experimentos, como por ejemplo la observación de arañas tejiendo su tela en condiciones de ingravidez (resultó que esta era muy similar a la que confeccionan en tierra). Por otro lado, los astronautas hicieron demostraciones sobre el comportamiento de los líquidos en gravedad cero y pusieron a disposición de la comunidad educativa las imágenes que habían grabado.

Una vez concluida la misión Skylab 4, se determinó que, para seguir operativa y garantizar su habitabilidad, debía someterse a diversas reparaciones de mantenimiento. Sin embargo, ya era demasiado tarde: en el verano de 1979, la estación espacial fue perdiendo altura y, al volver a entrar en la atmósfera terrestre, se desintegró por completo sobre el océano Índico.

43

¡PODEMOS VIVIR EN EL ESPACIO!

Con la estación espacial Mir (que significa «Paz» en ruso) culminaba el proyecto espacial soviético: era la primera estación espacial habitada de forma permanente. Los astronautas vivieron allí nada menos que trece años, pese a estar programada únicamente para un lustro. Gracias a diversas colaboraciones internacionales, acogió a astronautas de Francia, Japón, Alemania y Estados Unidos, entre otros países. La Mir fue un diseño evolucionado de las estaciones Saliut, tanto en su forma como en su contenido. El ordenador de control de vuelo, los giroscopios, los sistemas de calefacción y los de alojamiento, así como el puerto de atraque en la parte posterior, entre otros, eran elementos directamente heredados de las Saliut. La innovación fue añadir cinco puertos de atraque en la parte anterior de la estación. Los seis puertos la dotaban de una capacidad de crecimiento y de acople con otras naves nunca vista hasta la fecha. La estación llegó a tener un volumen habitable de

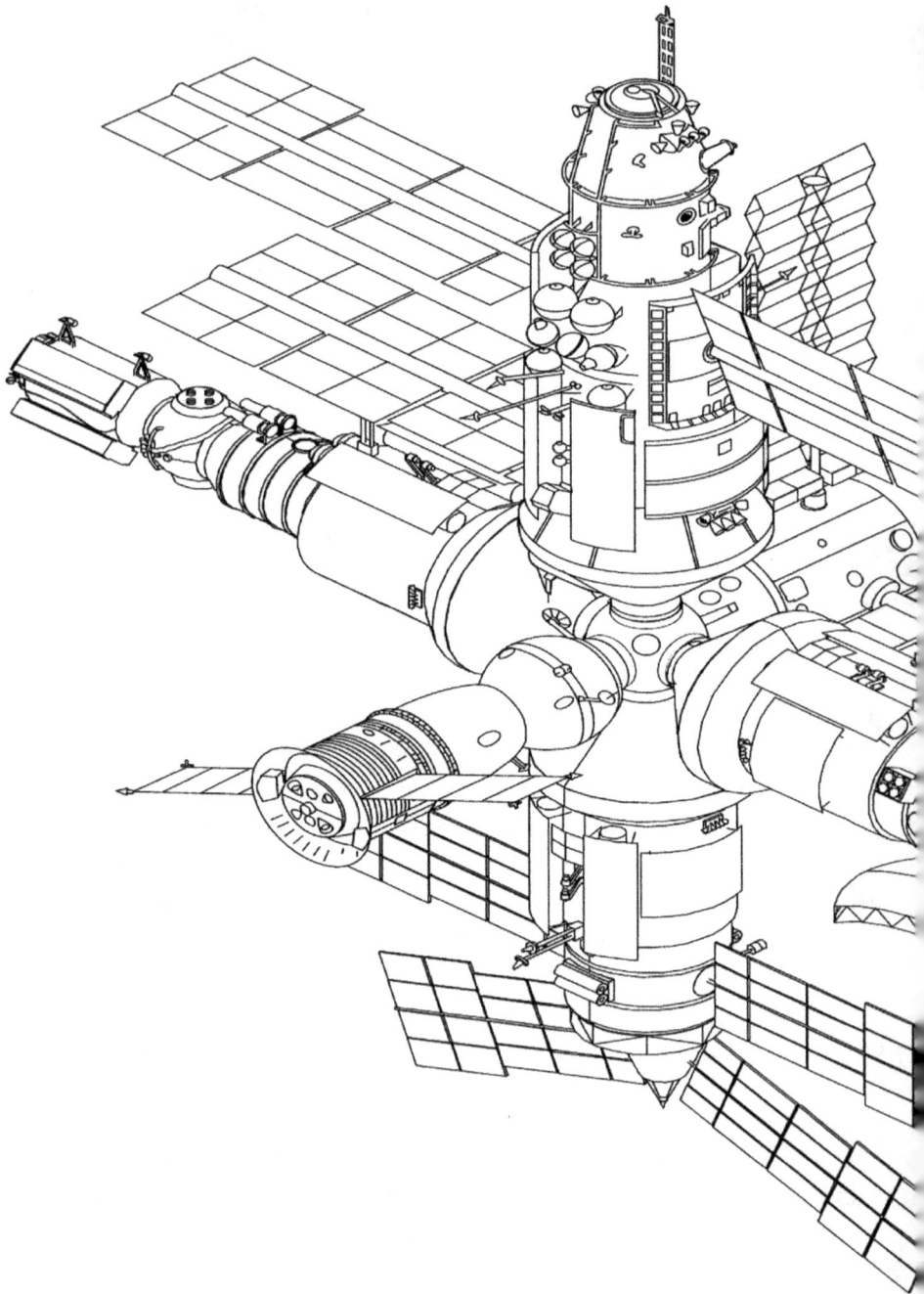

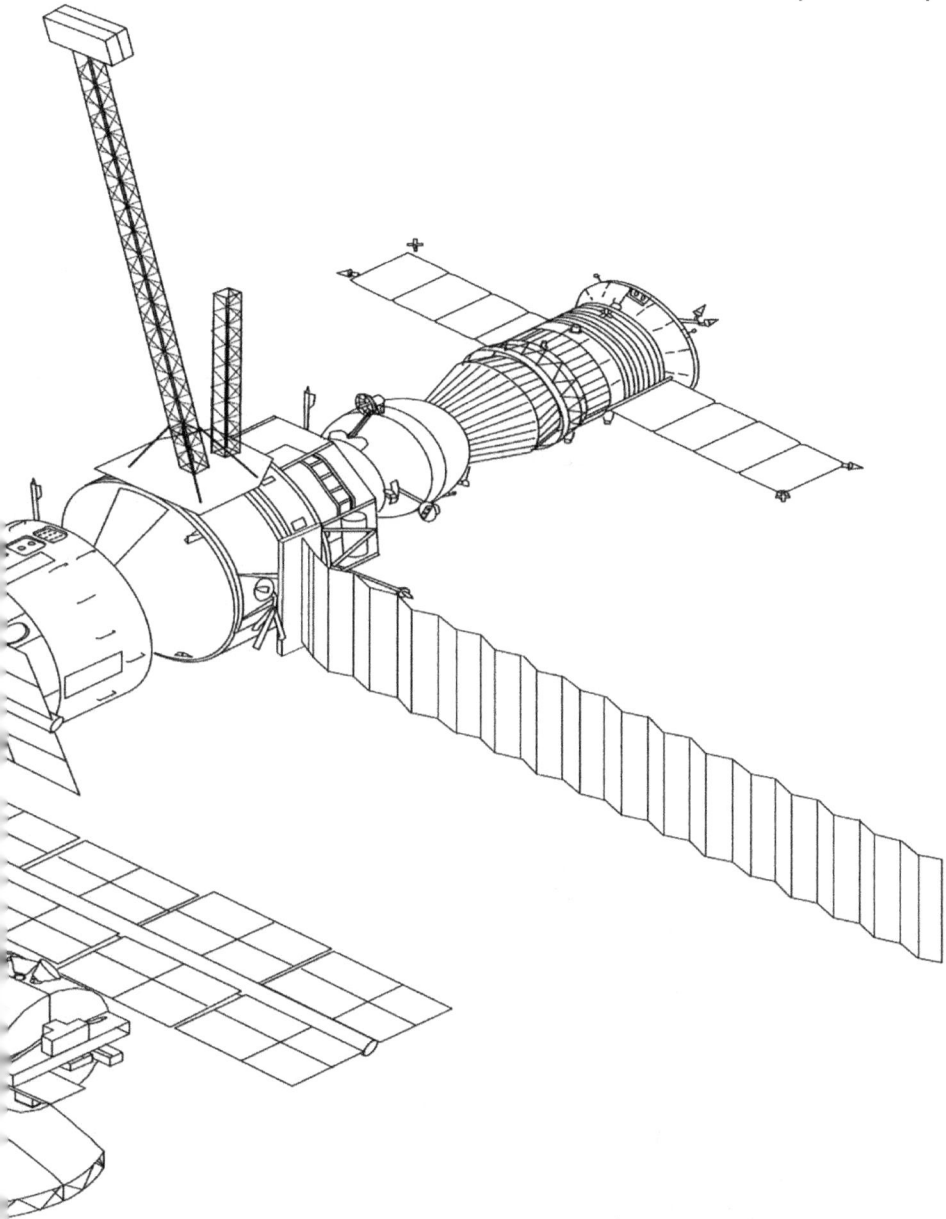

Dibujo de la configuración de la estación espacial Mir en 1996, con todos los módulos acoplados. El núcleo inicial contenía las estancias y el control de la estación, y los módulos posteriores, el Kvant I, Kvant II, Kristall, Priroda, los instrumentos científicos. Por su parte, el módulo Spektr fue un espacio de estancia y de trabajo para astronautas americanos.

350 m³. Se ensambló en órbita terrestre y los diversos módulos se fueron acoplando a lo largo de una serie de vuelos entre febrero de 1986 y abril de 1996. El montaje no era fijo, sino que los módulos se acoplaban y desacoplaban según la conveniencia de los distintos programas de trabajo. Su órbita se situó a unos 400 km de la Tierra y cada vuelta tardaba en completarse una hora y media aproximadamente. Estuvo habitada durante 4.592 días, lo que llevó a los cosmonautas soviéticos (y posteriormente rusos) a batir diversos récords de permanencia.

La Mir participó en varios programas de colaboración internacional. En 1987 se le acopló el módulo de investigación astrofísica Kvant, fruto de la colaboración de ingenieros soviéticos, alemanes, de la Agencia Espacial Europea (ESA, por sus siglas en inglés), holandeses y británicos. En 1988 se puso en marcha el proyecto Intercosmos, con participación de los países del Bloque del Este, que permitió llevar a cabo más experimentos médicos, de espectrometría, biológicos y de microgravedad. La ESA volvió a colaborar en las siguientes misiones, enmarcadas en los proyectos EuroMir. En la EuroMir 94 se estudiaron los efectos de la microgravedad en la mujer. Al término de la Guerra Fría, en un contexto de ajustes presupuestarios que afectaron a la NASA, se inició el programa Shuttle-Mir, en el que Estados Unidos aportó sus lanzaderas para el transporte de los astronautas y de las provisiones, así como un extra para el desarrollo de investigaciones conjuntas mediante el acople a la Mir del módulo albergado en la bodega de carga de la lanzadera Shuttle. Esta experiencia pionera aportó unos conocimientos vitales para el desarrollo de soluciones de ingeniería que posteriormente se aplicarían en la construcción de la Estación Espacial Internacional. Entre muchas otras aportaciones, destacan:

Con el añadido de cinco puertos de atraque, la Mir fue un diseño evolucionado de las Saliut. La estación llegó a tener un volumen habitable de 350 m³.

La estación soviética Mir frente resaltando sobre la oscuridad del espacio, fotografiada desde el lanzador americano Atlantis en junio de 1995. La lanzadora estadounidense fue el vehículo de transporte hacia la estación Mir, cuando las dos potencias empezaron a colaborar juntas.

- La modificación del software de la estación para que con un solo mando se detuviera la ventilación entre los módulos con el fin de evitar la propagación de los incendios y del humo. Esta decisión fue tomada después de que la Mir sufriera un incendio.
- Mejora del sistema de navegación del Shuttle basado en el rastreo de estrellas, vital en las operaciones de aproximación para el atraque.
- Un sensor de detección y velocidad (de diseño europeo) para prestar apoyo en las operaciones de aproximación.
- La puesta a punto en la Mir de un sistema de comunicaciones inalámbrico de gran fiabilidad, que supuso un ahorro de varios millones de dólares al reducir los cables de datos en la estación espacial.
- Mejora de los sistemas de purgado de los residuos de la estación, como consecuencia del estudio de la contaminación producida en el exterior de la Mir.

Las principales investigaciones científicas realizadas a bordo de la Mir se centraron en el estado de los astronautas tras prolongados periodos de ingravidez, en su fisiología, en los cambios musculares y óseos que sufrían, y en las respuestas del sistema neurovestibular. Algunas abordaron los efectos psicológicos de las misiones espaciales: hicieron un seguimiento de la interacción de los miembros de la tripulación y de estos con los equipos de tierra a lo largo de las distintas misiones. La última misión de la Mir data del año 2000. En marzo de 2001 volvió a entrar en la atmósfera y se desintegró sobre el océano Pacífico.

A pesar de que se había diseñado una Mir 2 en sustitución de la primera, nunca llegó a construirse. Sin embargo, diversas partes de este proyecto se incorporaron a la Estación Espacial Internacional, incluido el módulo central de la Mir 2, el Zvezda.

HITOS EN LA HISTORIA AEROESPACIAL

1957: Primer satélite en órbita terrestre: Sputnik 1 (Unión Soviética).

1957: Primer animal en órbita terrestre: la perra Laika a bordo del Sputnik 2

1958: Primer satélite de comunicaciones: SCORE (Signal Communication by Orbiting Relay Equipment) (Estados Unidos).

1959: Primeras imágenes de la cara oculta de la luna: Luna 3 (Unión Soviética).

1959: Primer satélite meteorológico: Vanguard 2 (Estados Unidos).

1961: Primer humano en salir al espacio y orbitar la Tierra: Yuri Gagarin a bordo del Vostok 1 (Unión Soviética).

1963: Primera mujer en el espacio: Valentina Tereshkova a bordo de la Vostok 6 (Unión Soviética).

1965: Primer paseo espacial: Alekséi Leónov al salir de su nave Vosjod 2 (Unión Soviética).

1965: Primera sonda en llegar a otro planeta: Venera 3, que impactó en Venus (Unión Soviética).

1968: Primera misión tripulada en órbita lunar: Apolo 8 (Estados Unidos).

1969: Primer hombre en pisar el suelo lunar: Neil Armstrong (Estados Unidos).

1970: Primeras muestras de suelo extraídas automáticamente y devueltas a la Tierra desde la Luna: sonda robótica Luna 16 (Unión Soviética).

1970: Primer vehículo robótico en suelo lunar: Lunojod 1 (Unión Soviética).

1970: Primeros datos recibidos de la superficie de otro planeta (Venus) del Sistema Solar: Venera 7 (Unión Soviética).

1971: Primera nave en orbitar alrededor de Marte: Mariner 9 (Estados Unidos).

1971: Primera estación espacial soviética: Saliut 1.

1973: Primera estación espacial estadounidense: Skylab.

1975: Primer proyecto conjunto entre Estados Unidos y la URSS (fin de la carrera espacial): misión Apolo-Soyuz

1986: Primera estación espacial tripulada permanentemente: Mir (Unión Soviética).

1998: Inicio de la construcción del ingenio espacial de mayor tamaño puesto en órbita terrestre: Estación Espacial Internacional.

49

2

LOS PRINCIPIOS QUE MUEVEN LAS NAVES

Las leyes físicas del movimiento y poner un cuerpo en órbitra

Lanzar un cuerpo al aire y que no se caiga, no es un cometido fácil. Salvar la fuerza de la gravedad es el primer paso, comprender el movimiento de los cuerpos, el segundo. ¿Cuál fue la gran aportación de Isaac Newton en este sentido?

Las fases lunares según los dibujos de
Galileo publicados en el *Sidereus Nuncius*
en marzo de 1610. En ellos ya se aprecian
algunos detalles del relieve de la Luna.

LAS LEYES FÍSICAS DEL MOVIMIENTO DE LOS CUERPOS Y LA MECÁNICA NEWTONIANA

Retrocedamos a los siglos XVI-XVII, la época de Galileo Galilei y Johannes Kepler. Galileo, además de astrónomo, hizo algunos experimentos sobre el comportamiento de los cuerpos. Todos recordamos su célebre experiencia desde lo alto de la torre inclinada de Pisa: dejó caer dos bolas iguales pero de materiales diferentes y comprobó que el tiempo de caída no dependía del peso. A partir de sus observaciones, el científico italiano formuló las primeras leyes del movimiento de los objetos.

Johannes Kepler trabajaba por aquel entonces en su modelo del Sistema Solar según el modelo heliocéntrico. A partir de los datos experimentales que recabó, enunció sus tres leyes del movimiento de los planetas, que se resumen así:

> *Primera ley:* Los cuerpos celestes se mueven en una elipse alrededor del Sol, con este en uno de los dos focos de la elipse.
> *Segunda ley:* Los cuerpos celestes barren áreas iguales de la elipse en tiempos iguales.
> *Tercera ley:* El cuadrado de los periodos de la órbita de los cuerpos celestes es proporcional al cubo de su distancia al Sol.

Galileo y Kepler habían empezado a enunciar leyes físicas del movimiento de los cuerpos, sobre la superficie terrestre y en el espacio respectivamente, basándose en datos experimentales. Se abría así el camino al método científico. Sin embargo, hubo que esperar hasta las postrimerías del siglo XVII para que el genial Isaac Newton entendiera y definiera las leyes básicas de lo que llamamos mecánica clásica o mecánica newtoniana (incluyendo la ley de la gravitación universal). A partir de estas leyes se pueden demostrar otras como

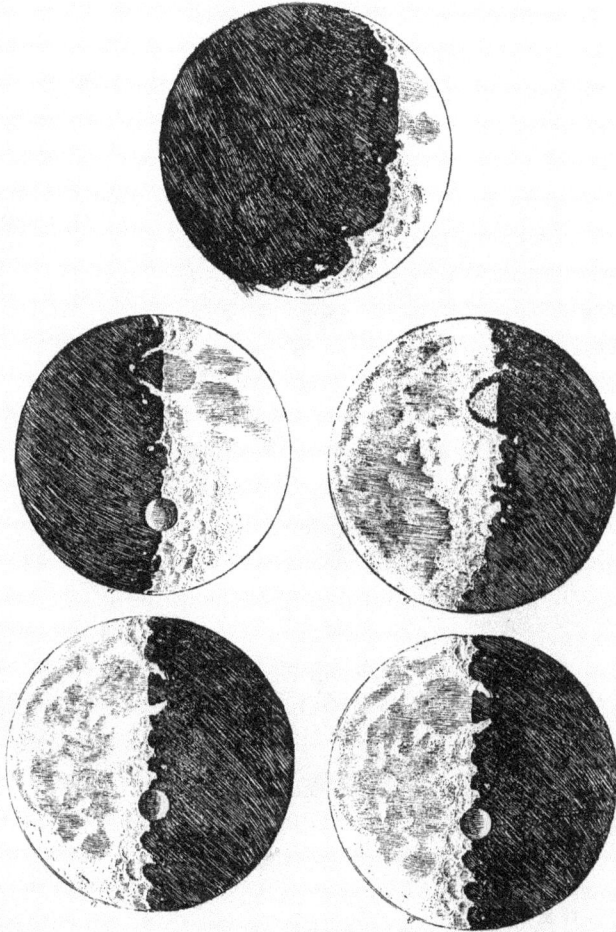

las del movimiento de los planetas de Kepler, así como el comportamiento físico de los cuerpos que Galileo enunció. La intuición llevó a Newton a extender sus leyes a todos los cuerpos del Universo, y la introducción de su ley de la gravitación permitió explicar el extraño fenómeno de la atracción entre los cuerpos y solucionar numerosos problemas en los que era necesaria una acción a distancia.

Más de dos siglos después del nacimiento de la mecánica newtoniana, otro genio, Albert Einstein, la renovó para dar cabida

LAS TRES LEYES DE NEWTON
Y LA GRAVEDAD

Newton enunció sus tres leyes del movimiento de los cuerpos, que forman el núcleo de la mecánica clásica, de la siguiente manera (usando sus propias palabras):

- *Principio de inercia* (también llamado principio de Galileo): Todo cuerpo persevera en su estado de reposo o movimiento uniforme y rectilíneo siempre que no sea obligado por fuerzas impresas a cambiar su movimiento.

- *Ley fundamental de la dinámica*: El cambio de movimiento es proporcional a la fuerza motriz impresa y ocurre según la línea recta a lo largo de la cual se imprime dicha fuerza. Matemáticamente se expresa como

$$F = m \cdot a$$

  donde F es la fuerza aplicada, a la aceleración (que representa el cambio de movimiento) y m la masa del cuerpo (la constante de proporcionalidad entre fuerza y aceleración).

- *Principio de acción y reacción*: Con toda acción ocurre siempre una reacción igual y contraria, o sea que las acciones mutuas de dos cuerpos son iguales y en sentidos opuestos.

- La *ley de la gravedad*, o *de la gravitación universal*, si bien no forma parte de las leyes del movimiento, permite explicar el resto de efectos que inciden en el movimiento. Se formula así: la fuerza que ejerce una partícula puntual con masa **M** sobre otra con masa m es directamente proporcional al producto de las masas e inversamente proporcional al cuadrado de la distancia que las separa. Matemáticamente se expresa como

$$F = G \cdot M \cdot m d^2$$

  donde **G** es una constante de proporcionalidad llamada constante de gravitación universal.

Las tres leyes del movimiento de los cuerpos enunciadas por Newton forman el núcleo de la mecánica clásica.

a fenómenos a muy gran escala o que suceden a velocidades muy altas (velocidades relativistas). Aun así, las leyes de Newton siguen describiendo de forma bastante precisa hechos cotidianos, el comportamiento de una parte del Universo y un gran número de fenómenos físicos que no requieren de la teoría de la relatividad de Einstein.

Las leyes de Newton, por tanto, gobiernan los movimientos de los cuerpos en general, ya se trate de una canica, un coche, un avión, una nave espacial o un planeta, y permiten realizar los cálculos necesarios para determinar el movimiento de los cuerpos. Por ejemplo, en un coche que va lanzado por la autopista en línea recta y en llano, suponiendo que no hubiera rozamiento con el aire, se aplicaría el principio de inercia o primera ley, es decir, que si no se aplicara ninguna fuerza, el coche seguiría circulando exactamente igual. Sin embargo, en el mundo real sí hay una fuerza constante: el rozamiento con el aire, que se opone al movimiento y lo frena. Esto lleva a la segunda ley, de acuerdo con la cual la fuerza de rozamiento equivale a una aceleración negativa o desaceleración. El vehículo cambia su estado de movimiento y pierde velocidad mientras dure la aplicación de la fuerza. Si se frena, ocurre exactamente lo mismo pero en menos tiempo, dado que la fuerza aplicada es mayor. Si se pisa el pedal del acelerador, el motor trabaja e imprime una fuerza al coche en la dirección y sentido del movimiento (de ahí el nombre común de acelerador: aplica una aceleración positiva al automóvil). Todos hemos experimentado la primera ley, la de la inercia, cuando el coche frena bruscamente: los cuerpos de los ocupantes tienden a conservar el movimiento hacia delante. En el lenguaje común, una aceleración negativa (en sentido contrario al movimiento) se llama frenazo. Pero la ley que rige el movimiento es la misma: la segunda ley de Newton.

Antes de abordar la segunda ley de Newton, es importante distinguir entre peso y masa. En el lenguaje cotidiano se emplean a menudo indistintamente, pero son dos conceptos diferentes y muy importantes cuando se habla de la estancia en el espacio. Para explicarlo de una forma simple, el *peso de un cuerpo* es la fuerza con que actúa la gravedad sobre dicho cuerpo, mientras que la *masa* es la cantidad de materia que lo compone. Estrictamente, la

55

La ley de acción y reacción de Newton. En un cohete, los gases eyectados hacia el suelo producen una fuerza de reacción en sentido contrario. Ocurre lo mismo que cuando llenamos un globo de aire y lo soltamos: el globo sale despedido por la ley de acción y reacción.

masa es la constante de proporcionalidad entre fuerza y aceleración; el peso, por su parte, es la fuerza de atracción que sufre un cuerpo en un campo gravitatorio determinado (terrestre, lunar, marciano…). Esto explica por qué un mismo cuerpo, por ejemplo un ser humano, no pesa lo mismo en la Tierra que en la Luna. Si bien la masa es idéntica, puesto que se trata del mismo cuerpo, que no ha ganado ni perdido materia, el peso varía porque es la fuerza con que la gravedad lo atrae, y como en la Luna es inferior que en la Tierra, el peso es menor. Por eso los astronautas que pisaron la superficie lunar daban grandes saltos: la gravedad del satélite es una sexta parte de la terrestre, por lo que allí un astronauta de 80 kg pesa unos 13 kg, lo que le permite dar saltos mucho mayores que en la Tierra imprimiendo la misma fuerza en las piernas.

En el lanzamiento de un cohete intervienen las tres leyes a la vez. A las dos que ya hemos comentado se añade la tercera, la ley de acción y reacción. Los gases expulsados por los motores de propulsión se dirigen al suelo y generan un impulso igual y en sentido contrario a su movimiento: el cohete despega y la fuerza de empuje que recibe provoca un aumento de velocidad hacia arriba. Una forma simple de experimentar esta ley es sentarse en un monopatín –o sobre un suelo helado– y lanzar un objeto pesado hacia delante: la fuerza de reacción nos empujará en sentido contrario, hacia atrás.

Pero el cohete también experimenta la ley de la gravitación universal. De hecho, la gravedad es la gran fuerza que debe vencer para elevarse. Como indica la ley de Newton, la Tierra lo atrae con una fuerza proporcional a su masa e inversamente proporcional al cuadrado de la distancia. Si el cohete está el doble de lejos, la fuerza de la gravedad disminuirá una cuarta parte. Así, cuanto más lejos esté, menos fuerza necesitará para continuar acelerando. Además, puesto que la fuerza de atracción depende de la masa,

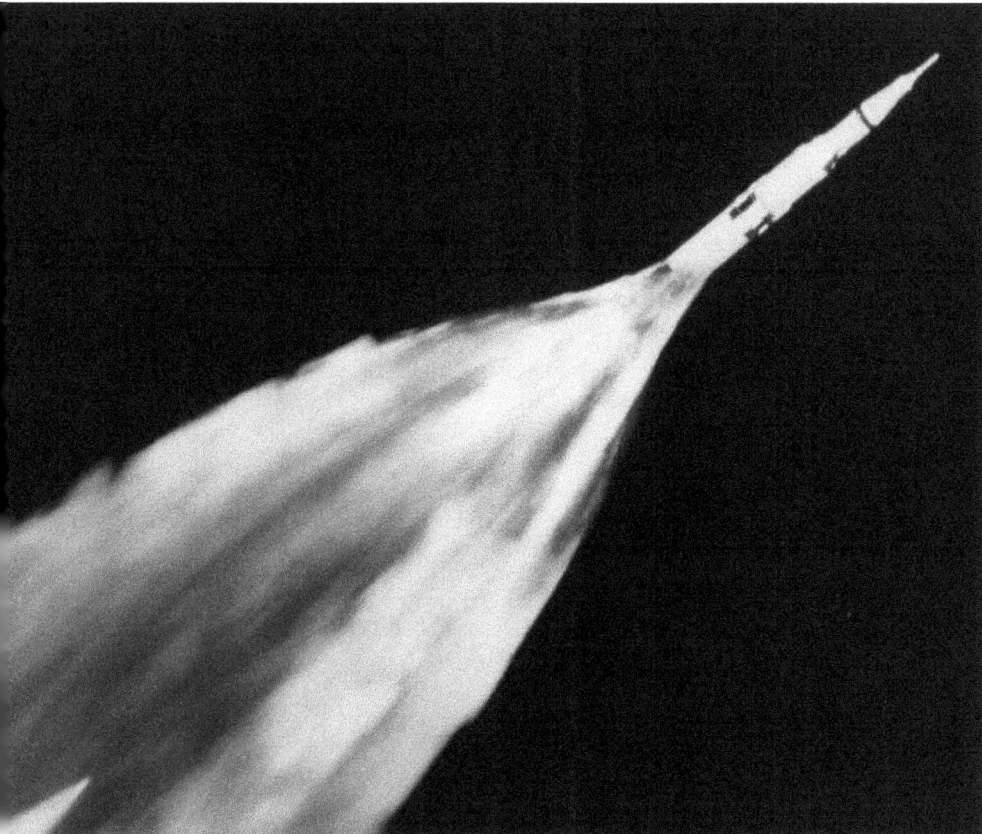

al consumir combustible la masa del cohete disminuirá y, por lo tanto, también lo hará la fuerza de atracción. Sabiendo todo esto, es evidente que necesitamos una ecuación que vincule todas las variables. Existe y se llama la ecuación del cohete de Tsiolkovski. Las mismas leyes de Newton gobiernan el movimiento de cualquier objeto en el Universo, sean millones de estrellas o partículas de polvo cósmico flotando en el vacío. No obstante, cuando un cuerpo se mueve a velocidades muy altas, comparables a las de la luz, o está sujeto a campos gravitatorios intensos, estas leyes dejan de ser válidas y se aplica la teoría de la relatividad de Einstein. Sin embargo, en el caso que nos ocupa no sucede nada de esto, por lo que las leyes de Newton bastan para explicar los movimientos que se producen en nuestra vida cotidiana o los que describen las naves que se desplazan por el Sistema Solar.

Estas leyes básicas han propiciado otros cálculos físicos y magnitudes también importantes: energía cinética, energía potencial, cantidad de movimiento, etc., todas ellas implicadas en los cálculos orbitales.

MAGNITUDES DERIVADAS

- *Energía cinética.* Es la energía que posee un cuerpo por el hecho de moverse a cierta velocidad. Se expresa como

$$Ec=m\cdot v^2$$

donde Ec es la energía cinética, m es la masa del cuerpo y v es la velocidad a la que se mueve. De esta fórmula se deduce que la energía cinética aumenta con el cuadrado de la velocidad. Por ejemplo, la de un vehículo a 100 km/h es cuatro veces la de otro del mismo peso que circule a 50 km/h, y no el doble como se podría pensar a priori. Esto significa que el impacto a esa velocidad tendrá un efecto cuatro veces mayor. También indica que acelerar cualquier automóvil para que alcance cierta velocidad requerirá un incremento importante de su energía cinética.

- *Energía potencial.* Es la energía que adquiere o libera un cuerpo por desplazarse de un punto a otro del campo gravitatorio. Por ejemplo, recoger una piedra del suelo y subirla hasta lo alto de un edificio hace que aumente su energía potencial, que será liberada cuando regrese al suelo. En una nave espacial, es la energía que habrá que suministrarle con el fin de que adquiera la altura necesaria para ponerse en órbita. La energía potencial en el campo gravitatorio se suele expresar como

$$Ep=m\cdot g\cdot h$$

donde Ep es la energía potencial, m la masa del cuerpo, h la altura alcanzada y g la aceleración de la gravedad en la Tierra (constante cuyo valor es 9,8 m/s2).

58

La energía cinética y la energía potencial son lo que se llaman magnitudes escalares. Si no hay aportes externos de energía, la suma de la energía potencial y la energía cinética de un cuerpo se conserva. Las centrales hidroeléctricas aprovechan diariamente la conversión de energía potencial del agua en energía cinética para producir electricidad.

Así pues, un objeto en órbita a una altura h y una velocidad v poseerá una energía cinética de $Ec=m\cdot v^2$ y una energía potencial de $E=m\cdot g\cdot h$. La suma de las dos se conservará en cualquier punto de la órbita.

- *Cantidad de movimiento.* La definición de cantidad de movimiento es parecida a la de la energía cinética, pero se expresa así:

$$p=m\cdot v$$

donde p es la cantidad de movimiento, m la masa y v la velocidad.

Esta magnitud vectorial también se conserva para cualquier cuerpo en movimiento. Hay que tener en cuenta que es una conservación en forma vectorial. Para aclarar este concepto basta imaginar una explosión.

Antes del momento de la explosión el objeto está quieto, por lo que su cantidad de movimiento es nula. Cuando explota, las diversas partes del objeto salen en direcciones distintas y a velocidades también distintas, y, por lo tanto, con cantidades de movimiento diferentes, pero la cantidad de movimiento total, dado que es una suma vectorial (teniendo en cuenta la dirección), sigue siendo nula.

¿ES SEGURA UNA NAVE EN ÓRBITA TERRESTRE?

Seguramente la primera pregunta que se le ocurriría a cualquiera que viese una nave dando vueltas alrededor de la Tierra sería: ¿por qué no cae a la superficie terrestre? Una pregunta lógica, puesto que la experiencia cotidiana nos enseña que si lanzamos una piedra el aire volverá a caer. Pero lo mismo nos podríamos preguntar sobre la Luna: ¿por qué no cae sobre la Tierra? O ¿por qué la Tierra no cae sobre el Sol? Y, de manera forma general, ¿por qué en el Universo unos cuerpos giran alrededor de otros sin que varíe la distancia que los separa?

Para entenderlo, basta con hacer un experimento que, si bien no reproduce exactamente la misma situación, ilustra el equilibrio de fuerzas. Si atamos una piedra a una cuerda fina y la hacemos girar alrededor del cuerpo en posición vertical, mientras seamos capaces de mantener esta situación (es decir, imprimir energía a la piedra para que gire a nuestro alrededor), la piedra ni se alejará ni se acercará, sino que se mantendrá a la distancia que determina la cuerda extendida. Además, observaremos que una vez que la piedra ha empezado a girar casi no hace falta energía para mantener el giro, solo la que se disipa por el roce con el aire. ¿Qué sucederá si le imprimimos más velocidad? Es posible que la cuerda se rompa y la piedra salga despedida. ¿Y si le imprimimos menos velocidad? Pues que la piedra perderá esta posición.

Si consideramos el caso de una nave espacial en órbita alrededor de la Tierra, hallaremos similitudes con el ejemplo anterior de la piedra. La Tierra sería nuestro cuerpo, y la piedra, la nave espacial. La velocidad que lleva la piedra genera lo que se llama fuerza centrífuga (etimológicamente, significa «huida o fuga del centro»). Esta es la fuerza que experimentamos en el interior de un automóvil cuando este toma una curva. Si lo hace abruptamente, los cuerpos de los ocupantes se mueven hacia el exterior de la curva. Y si esta fuerza hacia el exterior es muy grande, el vehículo puede derrapar y salirse de la carretera. La fuerza que lo mantiene adherido al asfalto evitando el accidente es la fuerza de rozamiento de las ruedas con el suelo. En el caso de la piedra,

59

Una nave en órbita y la composición de fuerzas que soporta. Por una parte la fuerza de la gravedad la atrae hacia la Tierra y, por otra, la fuerza centrífuga debida a la velocidad orbital la expulsa hacia el exterior. El equilibro entre estas fuerzas permite que no caiga hacia la superficie terrestre ni se pierda en el espacio.

la cuerda atada a la piedra genera otra fuerza hacia el interior de la circunferencia descrita en el giro llamada fuerza centrípeta (etimológicamente, «atracción hacia el centro»). Las dos fuerzas, la centrífuga y la centrípeta, se equilibran y la piedra da vueltas sin acercarse ni alejarse, describiendo circunferencias sin parar. Se podría decir, de forma simbólica, que la piedra está en órbita respecto a nuestro cuerpo. Si la fuerza centrífuga es mayor que la centrípeta, la cuerda se romperá y la fuerza centrípeta pasará a ser nula, de modo que la piedra saldrá volando alejándose de nosotros. Por el contrario, si se reduce la velocidad de giro, la fuerza centrífuga disminuirá y la piedra dejará de girar y caerá.

60   Este ejemplo se puede trasladar a una nave espacial. La fuerza centrípeta será entonces la que atrae la nave hacia el centro de la órbita: la producida por la gravedad. La fuerza centrífuga, por su parte, es la generada por el propio movimiento y dependerá de la velocidad en la órbita. Las dos fuerzas se compensan y la nave girará eternamente alrededor de la Tierra sin ningún riesgo de caer. Si la nave aumenta su velocidad, la fuerza centrífuga también se incrementará; la fuerza de la gravedad se comportará como una goma elástica, y la nave se alejará un poco más de la Tierra. Sin embargo, si la velocidad disminuye, se acercará a la superficie terrestre.

ÓRBITAS, SATÉLITES Y NAVES

Las órbitas en general son elípticas, en mayor o menor grado. Si la excentricidad de la elipse es nula, la órbita será circular. Es el caso de numerosos satélites de comunicaciones que giran en torno a la Tierra; la órbita se denomina entonces geoestacionaria o geocéntrica, y la velocidad angular del satélite es exactamente igual a la de la Tierra. Para un observador situado en la superficie terrestre, esto produce la ilusión de que el satélite está fijo en un punto del firmamento. Es lo que ocurre con los satélites

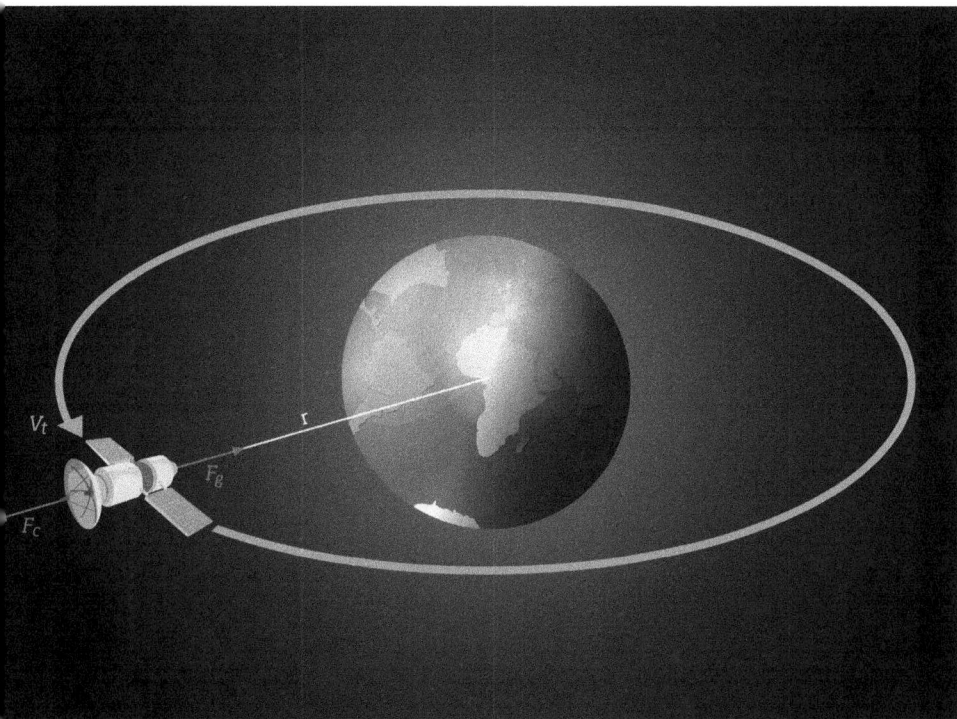

que se destinan a la difusión de la televisión, lo cual permite que la señal sea captada por las antenas receptoras de los usuarios, que están fijas apuntando siempre en la misma dirección. Dicha órbita se sitúa a casi 36.000 km de altura.

Otros satélites se mueven a alturas menores, como los que forman el sistema GPS de posicionamiento, cuya órbita dura 12 horas. Satélites militares o de observación de la Tierra describen órbitas mucho más bajas para situarse más cerca de la superficie, en el orden de unos centenares de kilómetros; en este caso, la duración de la órbita es mucho menor, de unas decenas de minutos. Un ejemplo claro de este tipo de órbita baja (o LEO por sus siglas en inglés) es la de la Estación Espacial Internacional, que se encuentra a unos 400 km de la superficie terrestre y tarda unos 90 minutos en completarse. Dado que para ponerse en órbita hace falta vencer el campo gravitatorio terrestre –que se opone a que cualquier cuerpo se aleje del planeta– y que hay que alcanzar una velocidad mínima para mantenerse en órbita, es necesario utilizar

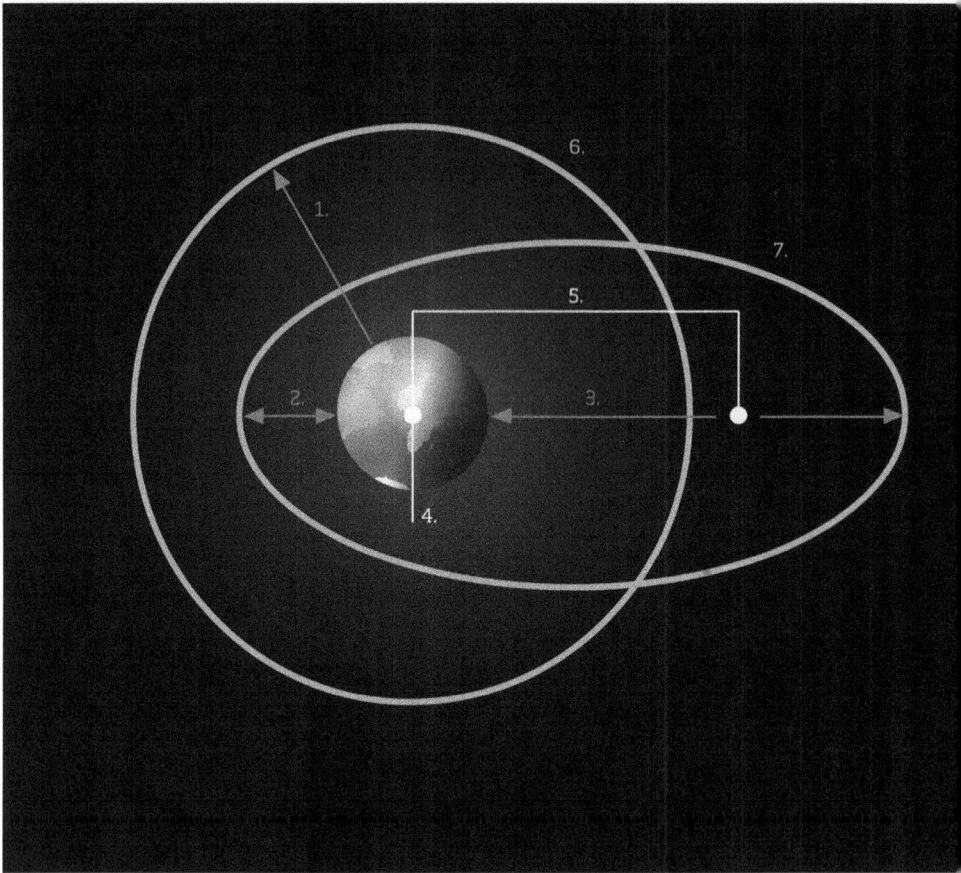

energía, cuya cantidad dependerá de la masa del cuerpo. Cada kilo-
gramo de peso que hay que lanzar al espacio implica el consumo
de una gran cantidad de energía. Es una buena razón para reducir el peso de los satélites y de las naves, algo que, sin embargo,
limita obviamente la capacidad operativa en el espacio, por lo que
los científicos deben buscar un equilibrio.

Si las dos fuerzas opuestas que actúan sobre el cuerpo que
describe la órbita (la centrífuga, debida a la velocidad del cuerpo,
y la centrípeta, debida a la gravedad) se encuentran en equilibrio y no hay cambios, el giro será eterno. Pero ¿qué sucede si
se le imprime más velocidad al cuerpo? ¿Y si, por el contrario,
pierde velocidad? Si mediante algún mecanismo se aumenta
la velocidad del cuerpo, adquirirá más energía y su órbita se

Siguiendo las leyes de Kepler, las órbitas son elípticas con uno de los cuerpos en uno de los focos de la elipse. Sin embargo, en ciertas circunstancias la órbita puede ser circular y entonces el foco de la elipse pasa a ser el centro de la circunferencia.

Leyenda: 1. Altitud / 2. Perigeo / 3. Apogeo / 4. Geocentro / 5. Punto focal elíptico / 6. Órbita circular / 7. Órbita elíptica

modificará hasta alcanzar una nueva posición de equilibrio; la órbita será entonces más amplia, y el nuevo radio dependerá de cuánta energía se haya suministrado al objeto. En general, los satélites y las naves espaciales incorporan un motor que, a partir del combustible almacenado, acelera y proporciona al cuerpo una nueva velocidad y, por lo tanto, una órbita de radio mayor. Así es como se modifica la posición de un satélite en el espacio. Si la fuerza centrífuga aumenta mucho, más allá de cierto valor, la nave escapará para siempre de la órbita terrestre (esto equivaldría a la rotura de la cuerda que sujeta la piedra en el ejemplo anterior), pues habrá alcanzado la llamada velocidad de escape.

El motor también puede servir para frenar la nave y obligarla a perder velocidad. Es lo que ocurre cuando se desea que una nave vuelva a entrar en la atmósfera terrestre y aterrice. Como la velocidad disminuye, la energía también lo hace y, en consecuencia, la nave pierde altura. De hecho, solo hay riesgo de que una nave caiga cuando disminuye su velocidad, como ocurrió con las estaciones espaciales Skylab y Mir. Cuando esto se hace de manera controlada, no se corre ningún peligro. Pero en muchos casos esta velocidad se reduce por la fuerza de frenado que ejerce a esas alturas la extremadamente sutil atmósfera remanente (se considera que la atmósfera se eleva a 10.000 km sobre la superficie terrestre) o por la que oponen las micropartículas de polvo presentes en el espacio. Estas fuerzas son muy débiles, casi inapreciables, pero suficientes para que, en el transcurso de meses o años, sean capaces de reducir la velocidad de un satélite o una nave de manera sensible. En general, para recuperar altura hay que ir corrigiendo la velocidad mediante el impulso de pequeños motores de corrección. Esta situación es la que muchas veces limita la vida de un satélite o nave. Mientras haya combustible para que el motor realice estas pequeñas correcciones, no hay ningún problema en mantener la órbita deseada.

63

Así pues, que una nave o cualquier otro objeto dé vueltas indefinidamente en torno a la Tierra, con la órbita que sea, es cuestión de mantener su velocidad, lo que equivale a mantener su energía, para que la órbita que describe no varíe. Cualquier roce con la atmósfera, por leve que sea, que actúe durante semanas, meses o años, provocará que la nave pierda energía y, por lo tanto, velocidad, de modo que el radio de su órbita irá disminuyendo. O, lo que es lo mismo, cada vez se situará más cerca de la superficie terrestre.

En ocasiones esta operación se lleva a cabo de manera intencionada, dando lugar a lo que se llama la reentrada en la atmósfera. Puede moderarse la velocidad poco a poco, para que la nave llegue intacta a la superficie terrestre, o bien dejar que pierda velocidad rápidamente, para que el roce con la atmósfera genere tanto calor que la nave acabe destruida. Esta maniobra es la que se realiza, por ejemplo, cuando un satélite ya no es operativo y lo que se pretende es que se autodestruya al atravesar la atmósfera. Si se divide en pequeñas partes no entrañará peligro alguno, pues los fragmentos terminarán vaporizándose en la atmósfera, pero si alguno es de gran tamaño, se corre el riesgo de que sobreviva a la destrucción a gran altura y llegue a la Tierra, como ya ha ocurrido alguna vez. Esta maniobra se intenta hacer siempre de manera controlada para que los fragmentos más grandes caigan en el océano o lejos de cualquier zona habitada. De hecho, realizando los cálculos oportunos, dado que los fragmentos se rigen por las estrictas leyes de la física, se puede estimar el punto donde caerán.

A veces el cielo nos ofrece espectáculos magníficos, como las lluvias de meteoritos, que muestran los efectos del rozamiento de un objeto con la atmósfera. Se trata de granos de polvo o de roca que llegan a la atmósfera a gran velocidad procedentes del espacio exterior; se produce entonces una inmensa cantidad de calor que desintegra o vaporiza el cuerpo antes de que alcance la superficie del planeta. Esta energía liberada

El cielo nos ofrece espectáculos, como las lluvias de meteoritos, que muestran los efectos del rozamiento de un objeto con la atmósfera.

Dibujo de la Rockwell Corporation que representa de la reentrada de un módulo de mando en su regreso a la Tierra después de una misión lunar. En la composición se puede observar el cambio de color por el aumento de temperatura en las partes con mayor rozamiento (zonas más claras).

por el rozamiento hace que el meteorito sea visible aunque su tamaño no supere el de un grano de arroz. Solo cuando tiene ciertas dimensiones se corre el riesgo de que algún pedazo toque la superficie terrestre. Y si este fuera de gran tamaño, el impacto crearía un cráter enorme y la enorme energía liberada tendría consecuencias desastrosas, como ya ha sucedido a veces en la larga historia geológica de la Tierra.

VIAJES INTERPLANETARIOS
DESDE LAS ESTACIONES ESPACIALES

Ya hemos comentado lo costoso que resulta, en términos energéticos, abandonar el planeta. Dado que el campo gravitatorio decrece con la distancia al cuadrado entre el cuerpo que debe salir de la Tierra y el propio planeta, se entiende que cuanto más cerca esté, más energía se necesitará para vencerlo. Para lanzar un cohete hay que elevar su masa útil y el peso del combustible que necesitará en fases posteriores.

Para realizar un viaje interplanetario, por ejemplo al vecino Marte, se requiere una nave de dimensiones importantes y suficiente combustible. Si esta empresa se plantea como el viaje a la Luna de 1969, en una sola nave, la masa que debería elevar el cohete en el momento del despegue sería inmensa, lo cual impondría la construcción de propulsores de enorme potencia. Solo hay que recordar las imágenes del gigantesco cohete Saturno V, empleado para llegar a la Luna. Para no tener que

Paisaje marciano observado por el rover Mars Pathfinder posado sobre la superficie de Marte. Es la primera misión de una serie que se caracterizó por el desplazamiento sobre la superficie del planeta vecino de en pequeños vehículos robóticos autónomos que realizaban exploraciones extensas del terreno.

construir cohetes de tanta potencia, se puede elevar la nave por partes y ensamblarla en el espacio. Sería la opción más factible en un hipotético viaje a Marte, que requeriría una nave mayor que la que se utilizó para llegar a la Luna, situada muchísimo más cerca de la Tierra que el planeta rojo.

En este sentido, las estaciones espaciales como la Estación Espacial Internacional (ISS) son un buen campo de experimentación para el ensamblaje de una gran estructura en el espacio. De hecho, teorizando sobre este aspecto, la propia ISS, si se le añadieran algunos motores de cierta potencia, desde el punto de vista de la mecánica orbital podría abandonar la órbita terrestre y viajar a Marte, salvando obviamente otros problemas.

67

LA VIDA EN EL ESPACIO

Otro campo de experimentación que permite una estación espacial en órbita es la vida del ser humano en el espacio, con el objetivo de realizar un largo viaje hasta un planeta como Marte. Si bien en la órbita terrestre se pueden resolver muchos problemas, en un viaje tripulado de varios meses de duración la incomunicación con la Tierra sería total y no habría forma de prestar ayuda externa en el transcurso del trayecto.

Viajar sin la protección de la atmósfera terrestre entraña graves riesgos, como las intensas radiaciones del Sol y del resto del Universo al abandonar la magnetosfera, los extensos periodos de permanencia en entornos de gravedad prácticamente cero o los posibles impactos de los pequeños cuerpos que flotan en el espacio interplanetario. Al desplazarse a otro planeta, los problemas a los que debe enfrentarse una estación espacial se agravan. De ahí que las estaciones espaciales sean un campo de pruebas de gran interés para el estudio de futuros viajes interplanetarios, con la ventaja de que los problemas pueden solucionarse en las proximidades de la Tierra.

Esta imagen ilustra la conexión entre la Tierra y el Sol. Las explosiones solares masivas, conocidas como eyecciones coronales de masa, lanzan una lluvia de partículas sobre la Tierra a altas velocidades (a kilómetros por segundo), que interactúan con la magnetosfera terrestre. Representan un problema para los satélites y astronautas que quedan fuera de protección. Estas explosiones se manifiestan en la Tierra en forma de tormentas magnéticas que afectan a las líneas eléctricas y las comunicaciones. Actualmente, el «tiempo espacial» se observa de la misma manera que el tiempo atmosférico para intentar minimizar su impacto en caso de tormentas.

LA ESTACIÓN ESPACIAL INTERNACIONAL

Una suma de diferentes estaciones

Tras las experiencias de las estaciones espaciales Skylab, Saliut y Mir, se empezó a trabajar en diseños más evolucionados. Rusia se centró en la Mir 2, Estados Unidos en la Freedom y Europa en la Columbus. Finalmente confluyeron en un proyecto conjunto: la Estación Espacial Internacional.

EL GRAN ACUERDO INTERNACIONAL

El 29 de enero de 1998, la NASA (Agencia Espacial de Estados Unidos) y la RSA (Agencia Espacial Rusa) firmaron en Washington el acuerdo para poner en órbita la Estación Espacial Internacional. Además, se contaba con la participación de la ESA (Agencia Espacial Europea), la CSA (Agencia Espacial Canadiense) y el GOJ (Gobierno de Japón). Por primera vez en la historia, varios países (en total, formaron parte del proyecto hasta quince gobiernos) aunaban esfuerzos para emprender una aventura espacial de envergadura. Nacía así la ISS.

Tratándose de un proyecto a largo plazo, se hizo una previsión de la evolución que en el futuro podría tener una estación espacial internacional. Así, el proyecto contempló la posibilidad de llevar a cabo tareas muy diversas para lo que creó estructuras tan dispares como:

- Un laboratorio en el espacio para realizar investigaciones científicas y desarrollar nuevas tecnologías.
- Un observatorio permanente en órbita para estudiar la Tierra, el Sistema Solar y el resto del Universo.
- Un nodo de transporte para ensamblar vehículos con destino a otros puntos del Sistema Solar, apto para albergar grandes estructuras y sistemas.
- Espacio de investigación y tecnología en un entorno espacial único, con vistas al fomento de la inversión comercial en el espacio.
- Una base de apoyo para proyectos futuros, como una base lunar permanente, un viaje tripulado a Marte, sondas planetarias robóticas, una misión humana para examinar los asteroides, etc.

Tal y como se desprende de esta lista, en sus inicios era una empresa muy ambiciosa. Cuando ya se cumplen veinte años del comienzo de su construcción, quedan pendientes algunos de sus objetivos, y se desconoce si será esta u otra estación espacial la que los lleve a cabo.

Numerosos astronautas de diferentes nacionalidades han tenido acceso a ella. Estadounidenses y rusos son los que más la han visitado, puesto que sus respectivas naciones son las que han aportado más dinero al proyecto. En los consorcios espaciales, el tiempo y el espacio de uso de las plataformas son proporcionales a la participación económica de cada país. Si se suma la inversión espacial de Franci a, Alemania, Italia y Reino Unido (véase el cuadro adjunto), se tiene prácticamente el 70% del presupuesto de la ESA.

Entre las grandes potencias económicas que participan en el proyecto de la ISS, destaca la ausencia de China. El gigante asiático fue excluido por razones estratégicas de la política occidental. La ISS no debe pensarse como un mero objeto de ciertas dimensiones que flota en algún lugar del espacio sobre nuestras cabezas. Es un proyecto mucho mayor y más complejo, que cuenta con una red de soporte en tierra, centros de control permanente ubicados en diferentes países e instalaciones dedicadas a aprovechar los datos científicos que genera. Por otra parte, requiere una coordinación de lanzamientos para renovar las tripulaciones y para proveer de suministros a la estación. La ISS es por tanto un verdadero proyecto global. La información existente sobre la estación es muy extensa y durante años se han ido generado imágenes y vídeos, etc. En el apartado de Bibliografía recomendada damos referencias donde consultar.

73

En la ISS se han llevado a cabo numerosas investigaciones, pero destacan las que precisan de un ambiente de microgravedad. Los experimentos de teledetección (la toma de datos de la superficie terrestre desde el espacio) no son exclusivos de la ISS, pues también los realizan los satélites. Sin embargo, los que implican el uso de semillas, plantas, células vivas, fluidos, etc., que deben estar sometidos a un control exhaustivo y permanente, sí son propios de la ISS. Posteriormente detallaremos algunos experimentos interesantes realizados a bordo de la estación espacial.

El mayor problema de la investigación en desarrollo espacial es la dificultad de predecir el impacto futuro de los experimentos que se llevan a cabo. Asuntos que en principio revestían gran interés son finalmente abandonados, mientras que otros que parecían

Tras años de investigación espacial, solo ahora empezamos a recoger sus frutos, especialmente en el campo de la medicina y las comunicaciones.

intrascendentes cobran una importancia inesperada con el paso del tiempo. En ocasiones la herencia de la investigación científica no se materializa sino al cabo de muchos años. Los estudios en física cuántica de principios del siglo XX, por ejemplo, tardaron décadas en dar sus frutos. El desarrollo de los semiconductores para circuitos electrónicos (cuyo impacto en la vida moderna ha resultado enorme), la tomografía de rayos X, la resonancia magnética nuclear o las investigaciones en ordenadores cuánticos, entre otras aplicaciones, derivan de aquellos primeros experimentos que lo único que pretendían era averiguar cómo funciona la materia.

74   De la misma manera, ahora se recogen los frutos de los esfuerzos para alcanzar el espacio y la Luna. Solo en telemedicina, imprescindible para controlar la salud de los astronautas, se invierten grandes sumas de dinero que, sin embargo, luego redundan en beneficio de todos. El desarrollo de los sistemas de comunicaciones ha obligado a crear equipos cada vez más compactos, ligeros y potentes, propiciando el uso de teléfonos vía satélite, útiles en zonas aisladas como desiertos y océanos, así como las telecomunicaciones por satélite, que permiten la difusión directa de la televisión en los domicilios (a través de las famosas antenas «parabólicas»). Ahora tenemos teléfonos integrados con ordenadores ultracompactos, de una potencia de cálculo extremadamente superior a los usados en los primeros vuelos espaciales y con un consumo infinitamente menor. Queda patente que lo que ahora se investiga en la estación espacial tiene consecuencias impredecibles en el futuro.

LA ISS EN CIFRAS

Longitud total de la estructura: **108 m** aprox.

Longitud del módulo presurizado: **74 m**.

Masa en órbita: **420 toneladas** aprox.

Longitud de los paneles solares que suministran energía a la estación: **73 m**.

Volumen habitable: **388 m³** (sin incluir los vehículos de transporte).

Potencia máxima generada por los paneles solares: **110 kW**.

Volumen presurizado: **1.200 m³**.

Presión atmosférica en el interior: **1.013 mbar.**

Altitud orbital: **400 km** aprox. sobre la superficie terrestre.

Inclinación de la órbita: **51°.**

Velocidad orbital: **29.000 km/h**. En 24 horas recorre prácticamente la misma distancia que en un viaje de ida y vuelta a la Luna.

Comunicaciones con la Tierra:
Enlace ascendente de datos: **72 kb/s.**
Enlace descendente de datos: **150 Mb/s,** actualizado a **300 Mb/s**.
Frecuencia de emergencia en **VHF** para comunicaciones de audio.

Duración de una órbita alrededor del planeta: **90 minutos** aprox..

Pueden atracar hasta **6 naves** de transporte al mismo tiempo.

Número total de astronautas que han visitado la estación: **234** (hasta diciembre de 2018), procedentes de **18 países**, la mayoría de Estados Unidos y Rusia (194 en total); algunos con más de una estancia.

Tiempo de viaje de la Tierra a la estación: **6 horas.**

Se precisaron **42 lanzamientos** para construir la estación en el espacio.

Puede albergar hasta **20 módulos** diferentes en el exterior para experimentos científicos.

Experimentos en microgravedad: **más de 2.400**, a cargo de investigadores de más de **100 países.**

Control de la estación: **50 ordenadores** con unos 350.000 sensores; se transmiten unas 400.000 señales sobre su estado de funcionamiento (desde la temperatura hasta la posición de cualquier elemento).

Líneas de código escritas del software de control: **3 millones** para el software de Tierra y 1,5 millones para el control en la estación.

ESTRUCTURA

S1 Segmento Port 6 / **S2** Segmento Port 5 / **S3** Segmento Port 4 / **S4** Segmento Port 1 / **S5** Segmento Starboard 0 / **S6** Segmento Z1 / **S7** Segmento Starboard 1 / **S8** Segmento Starboard 3 / **S9** Segmento Starboard 4 / **S10** Segmento Starboard 5 / **S11** Segmento Starboard 6

Estados Unidos: U1 Paneles solares de babor / **U2** Junta de rodadura solar Alfa / **U3** Panel de control térmico / **U4** Panel de control térmico / **U5** Junta de rodadura solar Alfa / **U6** Paneles solares de estribor / **U7** Módulo habitacional / **U8** Adaptador de acomplamiento presurizado 3 / **U9** Vehículo de vuelta para tripulación / **U10** Nodo 3 / **U11** Adaptador de acomplamiento presurizado 2 / **U12** Módulo de acomodación centrífugo / **U13** Nodo 2 / **U14** Laboratorio Destiny / **U15** Nodo 1 / **U16** Cúpula / **U17** Esclusa de aire / **U18** Adaptador de acomplamiento presurizado 3 / **U19** Módulo de control Zarya

Rusia: R1 Soyuz / **R2** Módulo de atraque y almacenamiento / **R3** Plataforma de energía / **R4** Módulo de servicio / **R5** Compartimento de atraque / **R6** Compartimento de atraque universal / **R7** Módulos de investigación / **R8** Soyuz

Japón: J1 JEM Módulo logístico sección presurizada / **J2** JEM Sistema remoto manipulador / **J3** JEM Módulo logístico sección expuesta / **J4** JEM Exposed facility "la terraza" / **J5** JEM Módulo presurizado

Canadá: C1 CSA Sistema remoto manipulador / **C2** Sistema móvil de mantenimiento

Brasil: B1 Plataforma logística ExPRESS

Europa: E1 Laboratorio Orbital Columbus

Italia: Y1 Módulo logístico multipropósito

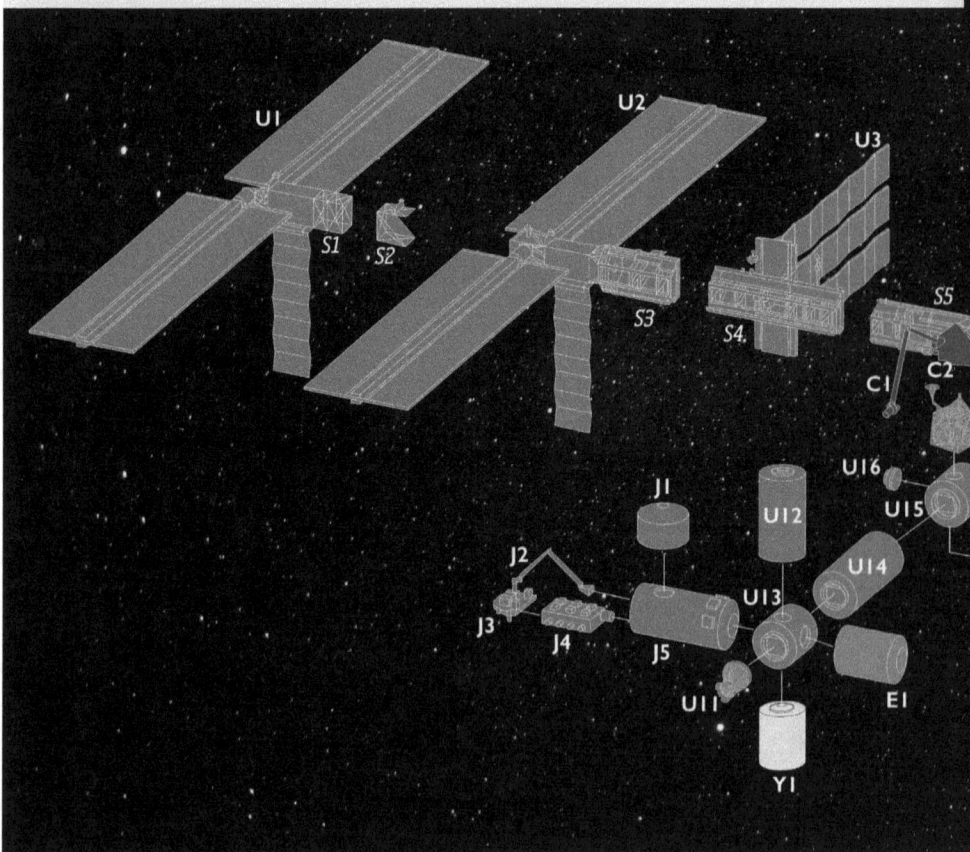

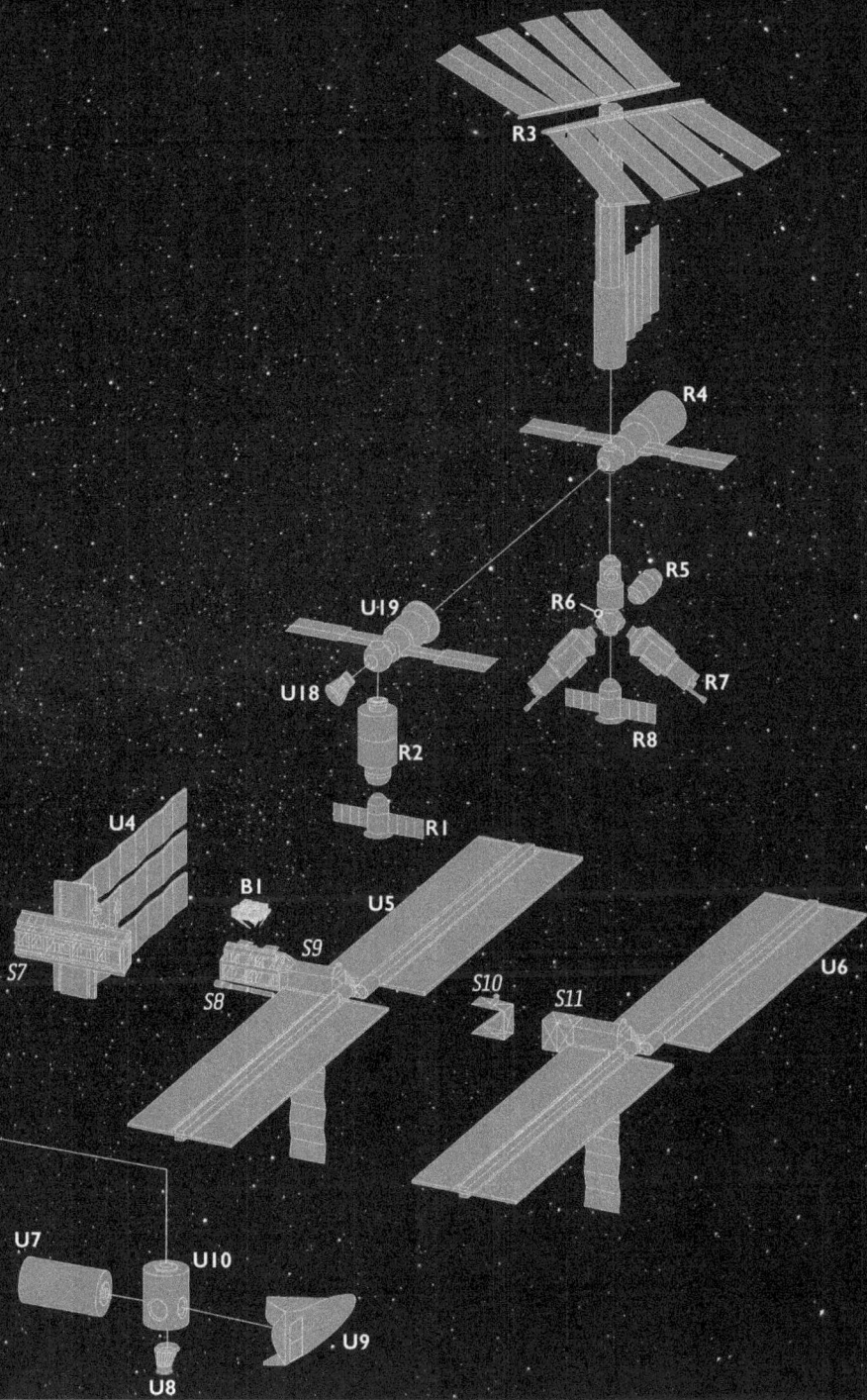

R3

R4

R5

R6

R7

U19

R8

U18

R2

R1

U4

B1

U5

S7

S9

U6

S8

S10

S11

U7

U10

U9

U8

En febrero de 2001, durante la misión STS-98 realizada por el transbordador Atlantis, la tripulación obtuvo esta fotografía al separarse de la Estación Espacial Internacional (ISS). Como puede observarse, la estación espacial aún en fase de construcción.

UN PUZLE DE MÓDULOS

La estructura de la estación espacial es tan grande que ningún cohete habría sido capaz de lanzarla de una sola vez a la órbita prevista, ni por peso ni por tamaño. Por esta razón se fue construyendo por piezas, como si de un puzle se tratara, hasta tenerla completamente montada. Ya desde la firma del acuerdo entre los distintos países se hizo una previsión de las estructuras que cada agencia espacial aportaría al conjunto. Además, teniendo presentes su larga construcción y la evolución de la tecnología, algunos equipos han ido siendo renovados, añadidos o eliminados según las necesidades y la obsolescencia. En realidad, la ISS es un complejo entramado de módulos con diferentes funciones asignadas a cada uno. Por ejemplo, unos generan energía (los paneles solares), otros están dedicados a la habitabilidad o a experimentos científicos, otros ejercen de puente de conexión entre los demás, etc. Pero, en general, las partes que componen la estación espacial son:

79

- **Nodos**. Se trata de módulos que conectan distintas partes de la estación. El nodo 1 (*Unity*) fue construido por la NASA, y los nodos 2 (*Harmony*) y 3 (*Tranquility*), por la ESA.
- **Unity.** Permite la conexión de diferentes módulos estadounidenses. Asimismo posee un puerto de atraque para vehículos de carga.
- **Harmony.** Permite la conexión de varios módulos, como el europeo, el japonés y el estadounidense. Además, posee puertos de atraque para vehículos de carga europeos, japoneses o comerciales.
- **Tranquility.** Conecta módulos de la estación y alberga los sistemas destinados a la purificación del aire, generación de oxígeno y recuperación del agua, así como dependencias para el aseo de la tripulación y equipos para el ejercicio físico.

- **Destiny**. Es el laboratorio principal de los investigadores estadounidenses, donde se realizan experimentos sobre salud, seguridad y calidad de vida. Permite evaluar procesos físicos en ausencia de gravedad y aumentar el conocimiento para futuras misiones espaciales.
- **Columbus**. Es el laboratorio espacial europeo. Permite desarrollar experimentos en su interior y acoplar cargas e instrumentos en el exterior para la investigación en el vacío del espacio y para la observación de la Tierra. Asimismo puede llevar a cabo experimentos desde la Tierra con el soporte de la tripulación, relativos al comportamiento de materiales, a la vida o a la física de fluidos en un entorno sin gravedad.
- **JEM** (*Japanese Experiment Module*) o Kibo. Igual que el laboratorio europeo, permite realizar experimentos en condiciones de microgravedad. Los recursos vitales para sus operaciones los obtiene del segmento estadounidense.
- **Quest Airlock**. Es un módulo compuesto por los elementos de bloqueo y presurización destinados a la salida al espacio de los astronautas para realizar las denominadas Actividades ExtraVehiculares o EVAs (*ExtraVehicular Activities*). Gracias a este módulo, un astronauta puede salir al espacio o entrar en la estación sin que se escape el aire del interior.
- **Cupola**. Módulo con una amplia visión del exterior de la estación. Su cometido es observar la aproximación de vehículos y controlar operaciones robóticas en el exterior y las EVAs.
- **PMM** (*Permanent Multipurpose Module*). Módulo destinado a contener *racks* para experimentos o para el almacenamiento de suministros traídos desde la Tierra.
- **PMAs** (*Pressurized Mating Adapters*). La finalidad de estos elementos es facilitar el acoplamiento entre módulos o el de vehículos a la estación espacial. Uno está destinado al acoplamiento de los módulos estadounidense y ruso; otros dos, al anclaje de vehículos comerciales con tripulación.
- **FGB** (*Functional Cargo Block*), también llamado Zarya («Sol naciente»). Es el primer módulo de la ISS lanzado al espacio, que sirvió de base para el ensamblaje de otros elementos. Dado que fue el primero en entrar en órbita, es autosuficiente.

Proporciona energía, comunicaciones y el control de la órbita. Actualmente se emplea en tareas de almacenamiento y de propulsión de la estación espacial para corregir la órbita.

- **DC** (*Docking Compartment*), también llamado Pirs (Pier). Este módulo tiene una doble función: puerta de salida para las EVAs rusas y puerto de atraque para los vehículos de transporte Soyuz y Progress.
- **MRM2** (*Mini-Research Module 2*), también llamado Poisk («Explorar»). Es parecido al anterior (Pirs), puesto que contiene una puerta de salida al espacio exterior y también puertos de atraque para las naves Soyuz y Progress. Además, dispone de espacio extra para experimentos científicos, incluyendo suministro de energía e interfaces para comunicación de datos.
- **MRM1** (*Mini-Research Module 1*), también llamado Rassvet («Aurora»). La misión principal de este módulo es servir de almacén de carga. También puede albergar experimentos de biología y biotecnología, así como de ciencia de materiales y física de fluidos. Se utiliza asimismo para el almacenaje del ERA (European Robotic Arm) o brazo robótico europeo. Incluye otro puerto adicional para el anclaje de las naves Soyuz y Progress.
- **SM** (*Service Module*), también llamado Zvezda («Estrella»). Este módulo ruso fue uno de los primeros en acoplarse, y proporcionó una estancia donde residir en la ISS. Su diseño deriva del que iba a ser el módulo principal de la estación rusa Mir 2, por lo que dispone de sistemas de soporte vital, distribución de energía, capacidad de control de vuelo y sistemas de propulsión y de procesamiento de datos. Su sistema de comunicaciones permite el control remoto desde la Tierra. A pesar de que la funcionalidad de estos sistemas ha sido transferida a módulos provistos por la NASA, sigue siendo el centro estructural y funcional del segmento ruso de la estación.
- **Panales solares**. Su función es generar la energía necesaria a bordo de la ISS, para el soporte vital de los astronautas y el funcionamiento de los equipos de control, de comunicaciones, los laboratorios de experimentos, etc.

81

Antena de comunicaciones del observatorio de Goldstone, en el desierto de Mojave (California). Forman parte de la red de espacio profundo de la NASA, que dispone de dos más: una en Canberra (Australia) y otra cerca de Madrid (España). Esta antena está diseñada para mantener comunicación con las naves espaciales las 24 horas del día.

Ensamblar todos estos módulos en el espacio ha requerido innumerables lanzamientos para su transporte, así como el entrenamiento de las personas encargadas del montaje, realizado en condiciones extremas, pues en el espacio tanto los propios movimientos como la manipulación de los objetos y herramientas resultan muy complicados.

MANTENERSE EN LÍNEA

82

El sistema de comunicaciones con la estación es un elemento de vital importancia para mantener operativa la conexión con la ISS en todo momento, para su supervisión, un posible control, el seguimiento de experimentos remotos e incluso la transmisión de vídeos divulgativos o educativos. A veces se realizan conexiones de televisión en directo con los astronautas, que ejercen de presentadores, y de manera permanente se retransmite en vídeo de alta definición la visión de la Tierra desde el espacio. Para ello, la NASA dispone de la Space Network (Red Espacial), que se encarga de mantener una conexión operativa a una velocidad bidireccional de 300 Mb/s, como la que se alcanza en los hogares provistos de fibra óptica. En este caso, la transmisión debe hacerse obligatoriamente por radio y a una gran distancia, entre centenares y miles de kilómetros.

Establecer contacto a 300 Mb/s con un objeto que se mueve a unos 28.000 km/h alrededor de la Tierra no es tarea fácil; se necesita el uso de alta tecnología, desarrollada precisamente durante décadas de investigación espacial. Estas funciones proporcionadas por la Red Espacial son posibles gracias a diferentes elementos, los cuales se detallan en el siguiente recuadro:

Además de esta red principal de comunicaciones, la NASA dispone de un sistema auxiliar de emergencia en la banda de VHF

–en dos frecuencias, VHF1 y VHF2– que solo transmite audio. La primera, VHF1, se emplea en las comunicaciones de emergencia con la estación espacial cuando falla la red principal. La segunda, VHF2, se usa en las comunicaciones con la nave rusa Soyuz. En circunstancias normales, las comunicaciones se realizan a través de la Space Network de la NASA, que mantiene contacto con todas las estaciones de control mundiales. A través de esta red también se tiene acceso a todos los enlaces de vídeo y datos de los experimentos realizados a bordo. Solo en el improbable caso de que se produjera un fallo en esta red principal se recurriría al sistema de comunicaciones a través de la frecuencia VHF1. Por otra parte, Rusia utiliza la VHF2 como canal de comunicaciones durante las maniobras de la Soyuz.

El sistema se usa desde el lanzamiento de la nave hasta que atraca en la ISS y desde que se desengancha hasta su vuelta a la superficie terrestre. Por ello se intenta que estas operaciones coincidan con el área de cobertura de radio que Rusia tiene desplegada sobre el espacio. Cuando las maniobras deben realizarse fuera de esta área o la misión necesita mantener la comunicación en los tramos de órbita en los que Rusia no dispone de cobertura, la NASA la suministra a través de sus antenas de VHF. Las antenas rusas cubren todos los movimientos sobre Asia y Europa; las de Estados Unidos, sobre territorio americano.

Imagen del centro de control terrestre de la misión en el Centro Espacial Johnson de la NASA en julio de 2014. Este centro de control originalmente dedicado a las misiones lunares Apolo, fue renovado y actualizado para dar soporte a la Estación Espacial Internacional.

SPACE NETWORK

Los principales objetivos de la red de comunicaciones espaciales de la NASA, aparte de proveer a la estación de telecomunicaciones, son hacer un seguimiento y calibración de relojes en los sistemas espaciales y llevar a cabo diversos controles y análisis. Los elementos que componen el complejo entramado de la red se dividen en:

- **Segmento Espacial** (TDRS o *Tracking and Data Relay Satellite*). Formado por diversos satélites en órbita geosíncrona enlazados entre sí, su misión es mantener una conexión tierra-espacio permanente bajo cualquier circunstancia en la posición de la órbita. También sirven de sistema de enlace para el telescopio espacial Hubble (HST).

- **Segmento terrestre** (SGSS, o *Space Network Ground Segment Sustainment*). Estaciones de transmisión y recepción ubicadas en White Sands (Nuevo México), Guam y Blossom Point (Maryland), que enlazan con los satélites del Segmento Espacial (TDRS).

Imagen de las naves Soyuz TMA-07M (nave para las tripulaciones) y Progress 50P (nave de carga) atracadas en la Estación Espacial Internacional con la Tierra al fondo.

LARGA VIDA EN EL ESPACIO

La estación lleva ya dos décadas en el espacio, pero su vida no será eterna… Se estima que estará operativa unos veinticinco años, aunque inicialmente se pensó en treinta. De momento se prevé su financiación hasta el 2024, año del fin del proyecto (aunque también se baraja el año 2028), pero esta fecha puede variar por cambios en los presupuestos o en los objetivos de los países involucrados. En cualquier caso, uno de los problemas ineludibles es la degradación y obsolescencia de los módulos. El entorno espacial es extremadamente agresivo debido al vacío, la acusada amplitud térmica, la radiación, los impactos continuos de partículas y micrometeoritos, entre otros factores.

Durante el tiempo que lleva operativa, ha realizado multitud de experimentos y ha contribuido a que la humanidad vea el espacio como un lugar más cercano y observe el planeta desde el exterior. Desde allí se aprecia la inmensidad y al mismo tiempo la soledad de la Tierra en el espacio, su dinámica atmosférica y aparente inmutabilidad, así como el escaso rastro del hombre en su superficie.

En las páginas web de la NASA y la ESA, gracias al canal de vídeo en alta definición que emite ininterrumpidamente desde la ISS –aunque a veces se pierde la señal por el desvanecimiento de la conexión de datos con la estación espacial–, es posible observar el planeta en silencio, tal y como lo ven los astronautas desde el espacio (en la Bibliografía recomendada se indica cómo acceder a este canal de televisión). Es interesante echar un vistazo a este canal de televisión porque para la gran mayoría de los humanos será la única ocasión de ver el planeta desde el espacio.

LA VIDA EN LA ESTACIÓN ESPACIAL

A priori se podría pensar que la vida del astronauta es pura contemplación, que simplemente se dedica a mirar por la ventanilla como si estuviera de viaje a bordo de un avión. Nada más lejos de la realidad. Mantener en órbita un sistema como la ISS supone un esfuerzo enorme, por lo que el tiempo cobra un gran valor. Así, las estancias de los astronautas en la estación son muy activas. Veamos cuáles son sus quehaceres:

Rutina matinal. Los astronautas deben mantener la higiene como cualquier persona en condiciones normales, pero ateniéndose a las dificultades del espacio. Dado que en un entorno con microgravedad no es posible ducharse, utilizan un jabón similar al empleado con ciertos pacientes en los hospitales. El cuarto de baño también funciona de forma un poco diferente al ordinario, puesto que básicamente se trata de un sistema de aspiración que sustituye el efecto de la gravedad.

Ejercicio. Tras las primeras estancias en el espacio enseguida se observó que la ausencia de gravedad afecta sobre todo a los músculos y a los huesos. Nuestro cuerpo está diseñado para mantenerse bajo los efectos de la gravedad terrestre. Cuando esta desaparece, los huesos y buena parte de los músculos dejan de trabajar como lo hacen habitualmente. De manera que tras permanecer un tiempo bajo condiciones de microgravedad, los astronautas regresaban a la Tierra aquejados de una importante pérdida muscular y ósea, que se incrementaba con el periodo de estancia en órbita. Después, la recuperación era larga. Así que lo mejor es que, mientras se encuentren en órbita, los astronautas realicen ciertos ejercicios para mantener la musculatura y la masa ósea según un plan adecuado. En consecuencia, una de las tareas diarias consiste en una sesión de gimnasio

Limpieza. Otro de sus quehaceres es la limpieza de la estación. Disponen de productos e instrumentos (trapos, aspiradoras de vacío, etc.) parecidos a los de cualquier hogar con los que eliminan la suciedad de la zona donde comen, las paredes, los suelos… La basura que generan deben recogerla y prepararla para enviarla a la Tierra en las naves de transporte que, en contrapartida, les proveen de nuevos suministros.

Vestimenta. Las condiciones de temperatura y humedad en la estación espacial se controlan para que simulen el ambiente terrestre. Por eso los astronautas visten como nosotros en la Tierra, aunque no disponen de lavandería y por tanto cuentan con prendas de recambio. Solo deben ponerse un traje especial cuando se embarcan para viajar a la estación o para regresar a bordo de la nave de transporte. El resto del tiempo visten ropa confortable.

Alimentación. He aquí uno de los ámbitos de la vida en el espacio que han suscitado más leyendas, quizá por influencia del cine. Son muchas las personas que imaginan que los astronautas no ingieren más que tabletas ricas en vitaminas, proteínas y fibra con sabor a diferentes alimentos. Pero no es así en absoluto. Dentro de las limitaciones que impone la vida en el espacio, los astronautas comen de una forma muy variada, como lo haría cualquier persona en su casa. Es evidente que en la ISS no pueden cocinar y que tampoco existen frigoríficos, al menos de momento. Los alimentos de los astronautas han sido preparados para una conservación adecuada, pero pueden escoger desde un plato de macarrones hasta una pizza, pasando por un *brownie*, fruta, etc. Algunos productos deben rehidratarse un poco, pero otros se toman en su estado natural. Ciertos condimentos como la sal y la pimienta se presentan de una manera especial, porque si se utilizaran en polvo o en grano existiría el riesgo de que se dispersaran y acabaran alojados en los sistemas de ventilación o en la nariz y los ojos de los tripulantes.

Trabajo. Una de las ocupaciones más importantes de los astronautas de la estación espacial es el trabajo que deben realizar a bordo. Por un lado, hay que desarrollar los programas científicos que formen parte de su misión, la mayoría relacionados con experimentos en condiciones

91

La astronauta Karen Nyberg de la NASA en el módulo Unity de la ISS.
en la foto pueden observarse los efectos de la ingravidez en las frutas
que flotan a su alrededor y en su melena liberadas de la gravedad.

de microgravedad. Se estudia el comportamiento de los
fluidos y la germinación de semillas, y se llevan a cabo
investigaciones biológicas, físicas y sobre materiales,
como describiremos más adelante. Los propios tripulantes
se someten a experimentos médicos para determinar el
comportamiento del cuerpo humano bajo las condiciones
ambientales del espacio.

Mantenimiento. Forma parte de las tareas habituales de los
astronautas, pero en ciertos casos el mantenimiento puede
ser prioritario, como por ejemplo cuando se detectó pérdida
de aire en la estación, con el riesgo de que se produjera un
vaciado completo. Aunque no era grave, fue una reparación
de carácter urgente. Otras tareas de mantenimiento tienen
que ver con los sistemas de soporte vital, la actualización
de los ordenadores, pequeñas reparaciones... Una de
las herramientas de mantenimiento con más futuro en
la estación es la impresora 3D en plástico, que ya se ha
empleado experimentalmente. Presenta dos grandes ventajas:
no obliga a cargar con todo tipo de repuestos y, si hace
falta una determinada pieza, basta con enviar el modelo 3D
desde la Tierra para fabricarlo en la propia estación. Este es
un avance importante para futuros viajes en los que no sea
posible transportar todos los recambios necesarios. Hoy por
hoy tiene sus limitaciones, aunque ya existen impresoras para
producir piezas de metal.

Salud. En la estación espacial, los astronautas no disponen
de un centro médico en las inmediaciones para ser atendidos
en caso de urgencia como ocurre en la Tierra. Aunque se los
somete a revisiones y controles médicos regulares, a veces
surgen problemas imprevistos o se producen accidentes. Para
hacer frente a estos casos hay un oficial médico especialista
en primeros auxilios y se dispone de un extenso botiquín de

Thomas D. Jones y Mark L. Polansky, astronautas de la misión STS-98, durmiendo en el laboratorio Destiny de la Estación Espacial Internacional. La foto revela lo irrelevante que es la posición para dormir en el espacio, porque no existe gravedad y, por tanto, no hay un «arriba» y un «abajo» para el cuerpo más allá de la convención que se quiera adoptar respecto a las direcciones. Obsérvese también cómo flotan los brazos de ambos astronautas.

medicamentos, un equipo de desfibrilación en caso de ataque al corazón y un equipo de diagnóstico de ultrasonidos para realizar ecografías en órbita y recibir instrucciones desde el puesto de control de la misión. Aun así, si un astronauta está grave, la única opción que se contempla es el regreso a la Tierra, aunque las condiciones de transporte no sean las más adecuadas para un enfermo. En efecto, ni la nave Soyuz cuenta con un sistema de soporte vital para el traslado de pacientes, ni las aceleraciones de reentrada en la atmósfera están especialmente indicadas en estos casos. Está claro que la innovación será imprescindible en el área de la salud espacial si queremos emprender viajes interplanetarios.

95

Dormir. El gesto habitual de tenderse en una cama para dormir no existe en el espacio. Dado que en ausencia de gravedad el cuerpo no experimenta la sensación de arriba ni de abajo, un astronauta puede dormir en cualquier posición. De hecho, en la ISS las camas (si así se les puede llamar) consisten en poco más que un saco de dormir preparado a tal efecto y anclado para evitar que el astronauta flote mientras duerme.

SISTEMAS DE SOPORTE VITAL

Aunque no forman parte de la rutina de los astronautas, los sistemas de soporte son imprescindibles para su supervivencia, ya que sus funciones principales son: proporcionar oxígeno y eliminar el dióxido de carbono y los gases orgánicos del aire, manteniendo una mezcla adecuada de nitrógeno, oxígeno, dióxido de carbono, metano, hidrógeno y vapor de agua, así como la oportuna presión atmosférica; proveer de agua potable para el consumo y la higiene; filtrar partículas y microorganismos ambientales; garantizar unos valores confortables de temperatura y humedad y distribuir el aire entre los módulos conectados.

Para ello hay que contar con la debida aportación de elementos desde la Tierra, o bien reciclar lo que se produce en la propia estación. Por ejemplo, buena parte del agua potable se obtiene del reciclaje del agua consumida, y el oxígeno se puede extraer del agua por electrólisis.

VENTAJAS Y RIESGOS DE ESTAR EN ÓRBITA

La privilegiada ubicación de la estación en las capas superiores de la atmósfera le permite hacer observaciones tanto de buena parte de la Tierra como del espacio exterior. Recordemos que la atmósfera terrestre se extiende hasta una altura todavía indeterminada, pero se acepta como límite los 10.000 km, donde termina la capa llamada exosfera. La ISS se encuentra en la termosfera, que se extiende hasta los 700 km aproximadamente.

Desde la estación se pueden llevar a cabo experimentos de teledetección sobre el planeta, que consisten en observar a distancia determinados objetivos o características, ya sean de carácter atmosférico, superficial o interno. Entran en la categoría de la teledetección los satélites dedicados a la meteorología. La lista de experimentos en este ámbito es extensa; algunos ejemplos son los siguientes: la observación de la atmósfera terrestre y su contenido de aerosoles (partículas en suspensión) y gases de efecto invernadero, la toma de imágenes infrarrojas de la vegetación para su aplicación en agricultura y el estudio de las auroras o de los océanos.

Por primera vez podemos observar qué sucede cuando no hay gravedad, lo que propicia nuevos estudios, tanto teóricos como aplicados.

Desde la estación espacial también se puede mirar al espacio exterior con nuevos instrumentos de observación en busca de planetas extrasolares, partículas que permitan verificar la existencia de la materia oscura o partículas de alta energía (rayos cósmicos, formados principalmente por protones y partículas alfa, además de electrones y otros núcleos atómicos) para estudiar la protección de las naves en futuros viajes a Marte. Tal como se ha explicado en el capítulo anterior, abandonar la magnetosfera terrestre deja a los astronautas expuestos a una intensa radiación procedente del espacio.

INGRAVIDEZ

La creación de un entorno con gravedad prácticamente cero abre un abanico de posibilidades en diferentes áreas de la biología, los materiales y la física. Nuestro conocimiento de la naturaleza se basaba hasta ahora en observaciones de un entorno donde la gravedad es omnipresente, de organismos vivos que se han desarrollado en dicho entorno y, por lo tanto, presentan unas características adaptadas a él.

Por primera vez tenemos la opción de estudiar qué sucede cuando no hay gravedad. Ya hemos mencionado la pérdida de masa muscular y ósea que sufre el organismo humano bajo estas condiciones. Otros ámbitos de estudio relacionados con la gravedad cero, absolutamente nuevos, son sus efectos sobre la germinación de una semilla o el crecimiento de una planta, sobre el comportamiento de las células o las proteínas, sobre la efectividad de medicamentos, etc. Sin dejar de lado la aplicación de estas investigaciones a futuros viajes interplanetarios de larga duración.

En relación con los materiales, la ausencia de gravedad también propicia nuevos estudios, tanto teóricos como aplicados. Por ejemplo, en presencia de gravedad un líquido no puede formar una esfera perfecta, dada la deformación en cierta dirección y sentido que provoca la atracción gravitatoria; sin embargo, en el espacio ingrávido sí puede adquirir una forma esférica prácticamente perfecta. Existen innumerables vídeos en los que, a modo de juego, los astronautas empujan líquidos que se mantienen suspendidos en el aire en vez de esparcirse sobre una mesa o sobre el suelo, como ocurre en la Tierra; las gotas flotan hasta que el astronauta abre la boca para bebérselas. La tecnología y la ciencia en general pueden obtener grandes beneficios de estos estudios en entornos ingrávidos, imposibles de realizar en nuestro planeta.

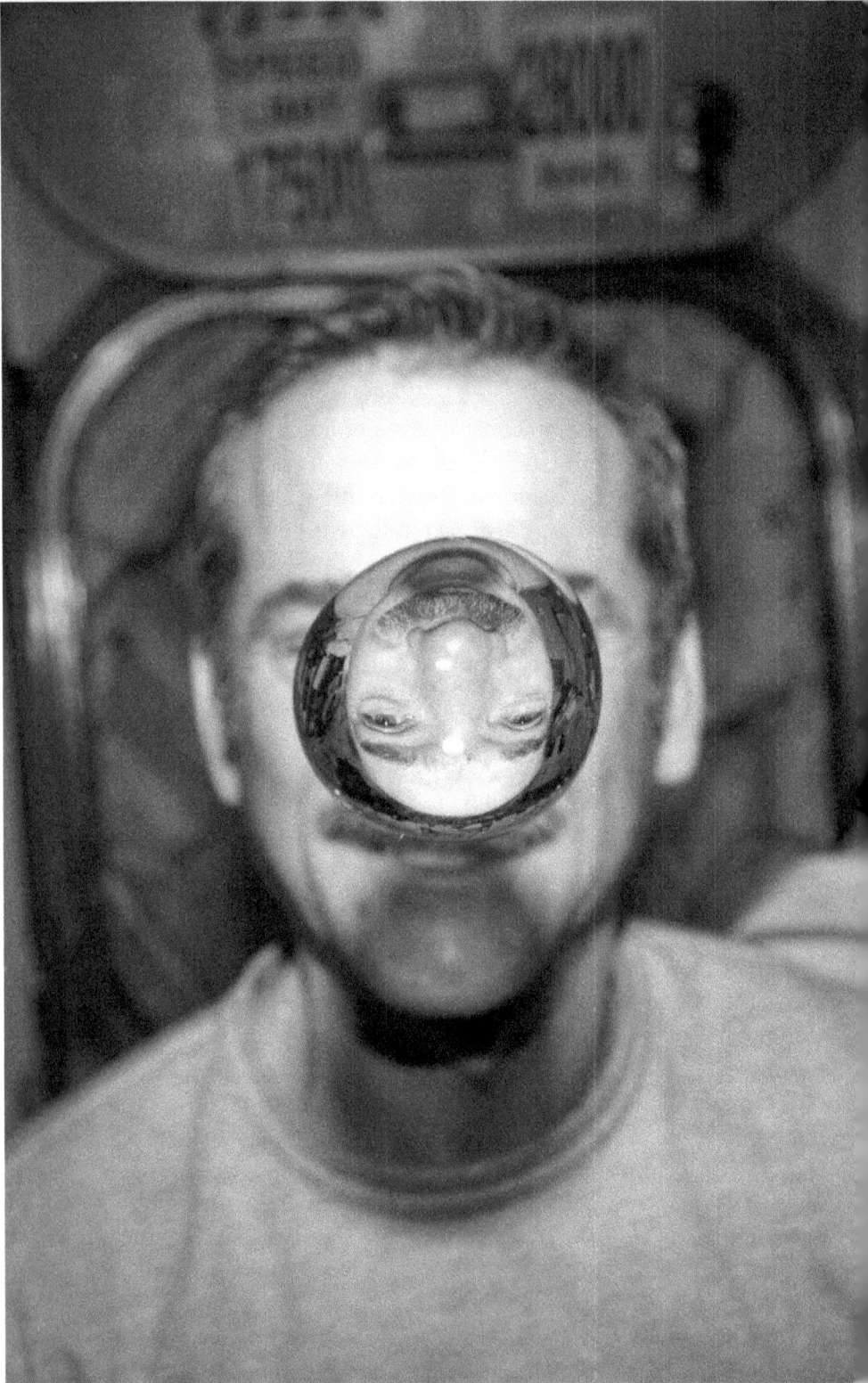

Un astronauta con una gran bola de líquido frente a su cara. El líquido mantiene una forma aproximadamente esférica sin que esté contenido en ningún recipiente. El líquido ni se esparce ni cae en ningún lugar, simplemente flota.

RADIACIÓN

El entorno espacial, aunque esté próximo a la Tierra, es totalmente hostil a la vida humana, y la tecnología necesaria para permanecer allí aún está en desarrollo. Como hemos explicado, encontrarse fuera de la atmósfera proporciona ventajas pero también riesgos para los astronautas.

El incremento de la radiación procedente del espacio exterior limita temporalmente la estancia de los seres humanos. Esta radiación proviene de distintas fuentes (estrellas, explosiones de supernovas, estallidos de rayos gamma, etc.), incluida nuestra propia estrella, el Sol. Una exposición continuada aumenta el riesgo de padecer cáncer. Por eso se controla en todo momento la radiación que recibe la ISS y se evalúa el riesgo para los astronautas según unos límites de seguridad. Para sus tripulaciones, la NASA permite un incremento máximo del 3% de riesgo respecto al de la población normal, conforme a las recomendaciones del Consejo Nacional sobre Protección de la Radiación.

El incremento de la radiación procedente del espacio exterior limita la estancia de los seres humanos en el espacio.

Por su parte, la ESA está investigando en sistemas de protección de la radiación con vistas a futuros viajes interplanetarios. Si bien es cierto que en la órbita de la ISS la radiación aumenta por la disminución del efecto protector de la atmósfera terrestre, cuenta todavía con la pantalla de la magnetosfera, que desvía partículas energéticas. En un viaje de ida y vuelta a la Luna, dicha protección desaparece por completo pero apenas tiene consecuencias por la brevedad del trayecto. Sin embargo, en un viaje a Marte, que puede llevar varios meses, se convierte en un problema serio.

PARTÍCULAS Y OBJETOS: RIESGO DE COLISIÓN

Un riesgo añadido de estar en órbita es la colisión con partículas y objetos presentes fuera de la atmósfera. Por un lado, los micrometeoritos de origen natural (los meteoritos, de mayores dimensiones, son mucho menos abundantes) impactan continuamente con el exterior de la estación. Por otro, la basura espacial que se ha ido acumulando a lo largo de las décadas (piezas de cohetes, restos de satélites, tornillos y otros muchos desperdicios sólidos) constituye un verdadero riesgo para cualquier nave que se mueva en una órbita cercana a la Tierra o la atraviese. Se estima que la colisión de un objeto de más de 10 cm puede destruir parte de la estructura o provocar una rápida pérdida de aire en el interior de los habitáculos, lo que resultaría catastrófico para cualquier misión. Quizá se antoje un tamaño muy pequeño, pero recordemos las leyes del movimiento que hemos visto en el capítulo anterior: la energía cinética de una pequeña masa que se mueve muy deprisa es enorme, pues hay que tener presente que dicha energía aumenta con el cuadrado de la velocidad.

La ISS dispone de escudos protectores, especialmente en los módulos donde vive la tripulación, para evitar el impacto de objetos de hasta 1 cm. En principio, la órbita de objetos mayores está establecida en el catálogo de Vigilancia Espacial de Estados Unidos. Si hay riesgo de que la órbita prevista de la estación y la de alguno de estos objetos se crucen, se realiza un desplazamiento de la ISS. Si el riesgo se considera elevado, la estación espacial puede hacer una maniobra de evasión para evitar la colisión. Hasta 2012 se contabilizaron quince maniobras de este tipo. En un caso de riesgo extremo, como por ejemplo el sucedido el 24 de marzo de 2012, ante la posibilidad de que la ISS resultara gravemente afectada por un impacto, la tripulación se refugió como medida de precaución en las naves Soyuz.

Veamos ahora un ejemplo de las consecuencias de un impacto: en 2009 se produjo una colisión entre satélites (un Kosmos ruso y un Iridium estadounidense), y ambos quedaron destruidos y dejaron una nube de más de mil objetos de más de 10 cm de tamaño. Con el tiempo, estos residuos entran en una órbita de decaimiento hacia la atmósfera terrestre, donde acaban desintegrándose, pero es un proceso largo y no garantiza que la órbita quede limpia.

EXPERIMENTOS REALIZADOS EN LA ESTACIÓN

La tecnología espacial no siempre tiene aplicaciones directas en otros campos, pero la matemática y el conocimiento que intervienen en su desarrollo siempre repercuten en otros ámbitos de la vida humana. Así, la creación de aleaciones metálicas para construir naves espaciales se podría utilizar en la fabricación de aviones; los complejos sistemas de control (estabilizar un cohete que despega requiere verificar su posición muchas veces por segundo y corregirla para evitar fallos), en la industria y en las plantas nucleares. Los estrictos requisitos para que la electrónica funcione en el agresivo entorno espacial se pueden aplicar después a equipos terrestres que deben hacer frente a condiciones críticas, como por ejemplo los empleados en las refinerías, las plantas nucleares o los quirófanos. Las severas condiciones de las comunicaciones espaciales han impulsado nuevas tecnologías. La telemedicina para el control de los astronautas deriva en sistemas y principios aplicables a otras áreas de atención humanas, como las unidades de vigilancia intensiva de los hospitales, donde se necesitan complejos equipos de monitorización, o la asistencia remota a enfermos que se encuentran en su propia casa.

Hoy día no es en absoluto extraño enviar en tiempo real los datos recién obtenidos de un electrocardiograma a una central de recepción donde un especialista determinará el resultado. Incluso ya hay aplicaciones para teléfonos móviles que realizan observaciones médicas o telelectura de parámetros. El estudio de las plantas en microgravedad tendrá aplicaciones en agricultura. Según la metodología científica, para observar el efecto de una variable en un experimento hay que modificar esa variable. La gravedad es la única variable que no se puede modificar en un experimento terrestre con plantas. En la ISS se puede observar cómo se comporta una planta en ausencia de gravedad. Además, en futuros viajes espaciales de muy larga duración no se podrán almacenar suficientes alimentos preparados para abastecer a la tripulación durante todo el trayecto, por lo que seguramente habrá que recurrir a la agricultura a bordo de la nave.

Impresionante imagen del huracán Iván sobre el golfo de México, fotografiado desde la Estación Espacial Internacional. Por su privilegiada posición la ISS es una magnífica plataforma de observación de la Tierra y de su atmósfera.

La observación del planeta desde el espacio ha permitido mejorar la predicción meteorológica y descubrir nuevos factores que afectan a nuestro entorno. Ya nos hemos acostumbrado a ver imágenes de los satélites de observación nubosa en los partes meteorológicos de la televisión. Pero desde el espacio no solo se observan las nubes. Algunos instrumentos permiten detectar los aerosoles en suspensión, medir la salinidad marina en los océanos o su temperatura, las alturas de las olas, etc. El abanico de posibilidades que ofrece la observación desde el espacio es inmenso.

Otra aplicación indirecta pero que ha tenido un gran impacto en nuestras vidas es el control de los procesos de fabricación. La altísima complejidad que conlleva una sola misión espacial, en la que pueden llegar a intervenir centenares de industrias, ensamblarse ingentes cantidades de piezas (que deben cumplir determinados requisitos de calidad establecidos) y participar un número enorme de personas (se estima que el proyecto del Apolo llegó a involucrar a unas 400.000, además de 20.000 empresas y universidades), obligó a desarrollar sistemas de control y a mejorarlos constantemente. Estos métodos se han aplicado luego a numerosas empresas. Un elemento más sutil pero no menos importante de la conquista del espacio es la mera oportunidad de observar nuestro planeta, el único hogar de la especie humana en el presente y en los siglos venideros. Esta visión exterior del planeta debería aumentar la conciencia medioambiental global de las nuevas generaciones. Hoy día, la imagen de la Tierra desde

La complejidad del proyecto del Apolo era tal que involucró a unas 400.000, personas y a 20.000 empresas y universidades

la Estación Espacial Internacional es tan habitual para cualquier niño que seguramente no se plantea que es relativamente reciente. La educación es, por tanto, otro de los grandes beneficios de los viajes al espacio. Hablar con los astronautas en órbita, hacerles preguntas, observar lo que hacen: todo ello forma parte de la rutina de numerosos escolares. Veamos a continuación algunos de los experimentos que se han realizado en la Estación Espacial Internacional (entre un total de 2.400 aproximadamente).

ESTUDIO DEL SISTEMA INMUNOLÓGICO

El cuerpo humano no funciona igual en la ingravidez. En el espacio, el sistema inmunitario de los astronautas se debilita y sucumbe fácilmente a enfermedades leves que en la Tierra no afectarían a una persona sana. Para saber por qué, la ESA hizo un experimento con células humanas en el que una parte permanecía en ingravidez y la otra parte se sometía a la gravedad simulada mediante una centrifugadora.

Este extraño objeto es la incubadora usada en el experimento con células humanas.

Después de varios análisis exhaustivos, se observó que un transmisor de la cadena del sistema inmunitario dejaba de funcionar en ingravidez. Este descubrimiento permitirá entender mejor cómo funciona nuestro sistema inmunitario cuando está sometido a determinadas condiciones.

RECICLAJE DE DIÓXIDO DE CARBONO (ACLS)

La forma habitual de obtener oxígeno en la ISS es extraerlo del agua disponible a bordo. Mediante un proceso de electrólisis (recurriendo a la electricidad generada por los paneles solares), el agua se descompone en oxígeno e hidrógeno. Pero la generación de oxígeno requiere el consumo de agua.

105

En un futuro viaje espacial de larga duración, esto podría ser un problema. Así que se ha desarrollado un sistema experimental –el sistema avanzado en bucle cerrado (conocido como ACLS por sus siglas en inglés)– para reciclar el dióxido de carbono que produce la respiración de los astronautas (y no de las plantas, que realizan este proceso de reciclaje en presencia de luz). Mediante un flujo de vapor se extrae del aire el CO_2, que posteriormente se convierte en agua y gas metano en un reactor adecuado. La electrólisis del agua genera el oxígeno necesario y el gas metano es expulsado al espacio.

CONTROL DEL TRÁFICO MARÍTIMO (VESSEL-ID)

Los aviones que sobrevuelan el planeta disponen de un sistema de identificación. En 2010 se probó un sistema similar en los barcos que surcan los océanos. El tradicional sistema de control VHF de las embarcaciones permitía a los guardacostas y autoridades portuarias controlar el tráfico pero solo tenía un alcance de 74 km. La ISS integró una antena receptora de esta frecuencia del VHF y un ordenador, y puesto que rodea la Tierra, recibe las señales de muchos más barcos.

En la Estación Espacial Internacional, Rusia dispone del compartimento Lada en el que realiza experimentos sobre el desarrollo de plantas y su genética. Una parte de las semillas que se recojan de las plantas de la imagen se volverán a sembrar en la ISS y otras viajarán hasta la Tierra para ser analizadas detalladamente.

Los datos se envían al centro de análisis de Noruega. En un día normal se pueden recibir datos de hasta 22.000 embarcaciones, y a lo largo de un mes entero este número puede exceder el centenar de millones. Esta información se procesa para implementar nuevos sistemas de recepción y mejoras tecnológicas en tierra. Se trata, en realidad, de una prueba para el desarrollo de un sistema global operativo.

HÁBITAT AVANZADO PARA PLANTAS (APH)

Los ensayos de crecimiento de plantas en entornos de gravedad cero se cuentan entre los experimentos de la Estación Espacial Internacional que han suscitado un mayor interés. Los datos recabados se podrán aplicar a la mejora de la producción de extensas plantaciones terrestres y a la introducción de cultivos en expediciones de larga duración.

106

El hábitat avanzado para plantas (APH por sus siglas en inglés) está diseñado para que el crecimiento de vegetales de cierto tamaño. Cuenta con luces LED que simulan diferentes escenarios de iluminación y dispone de control de temperatura y humedad. Es heredero del sistema de producción de plantas comestibles conocido como *Veggie*.

¿ES ÚTIL UNA ESTACIÓN ESPACIAL? COSTES E IMPACTO EN LA SOCIEDAD

Es una pregunta recurrente desde el primer día que el ser humano se aventuró en el espacio: ¿es realmente útil? Mucha gente cree que todo el dinero que se gasta en la industria espacial convendría emplearlo en resolver los problemas que tenemos aquí, en la Tierra. Esta cuestión se puede abordar desde un punto de vista tanto filosófico como pragmático y económico.

Desde una perspectiva puramente filosófica, la exploración es consustancial al ser humano. No hay ninguna civilización o cultura que no haya dedicado una parte de sus recursos y esfuerzos a explorar el entorno, alejándose cada vez más del punto de partida. Sin esta predisposición, nunca habríamos abandonado el bosque o las cuevas. Además, las exploraciones han permitido adquirir información detallada de cuanto nos rodea. Si tuviéramos la oportunidad de viajar al pasado, sería interesante averiguar si esta pregunta también se hacía antiguamente respecto a las expediciones que se aventuraban en territorios desconocidos o a los navegantes que surcaban los mares venciendo el miedo de caer por el borde del mundo. Situando la cuestión en un terreno más actual y más pragmático, hay que tener en cuenta muchas consideraciones que se suelen dejar de lado. Desde un punto de vista exclusivamente económico, se estima que el coste de la Estación Espacial Internacional se eleva a unos 100.000 millones de euros. Esta cantidad, que corresponde a un periodo de unos 25 a 30 años, se debe dividir entre todos los participantes.

La Agencia Europea del Espacio ya ha calculado el dinero que cada ciudadano europeo ha invertido al año en este proyecto: la parte aportada por la ESA es de unos 8.000 millones de euros, así que si se divide esta cantidad por los años de duración y por el número de ciudadanos europeos afectados, cada uno ha contribuido con la escalofriante cifra de... ¡1 euro al año! Es decir, con menos de lo que cuesta un café en la mayoría de los países de Europa. La cifra se puede comparar con otros gastos que no se examinan con tanto rigor y cuyos beneficios a largo plazo parecen bastante más discutibles que los de la investigación espacial. Por

Preparación de la unidad de vuelo del Hábitat Avanzado para Plantas en el Centro Espacial Kennedy de la NASA en Florida. Se hacen test de los LED para que posteriormente, durante el crecimiento de las plantas, se puedan variar las condiciones de iluminación.

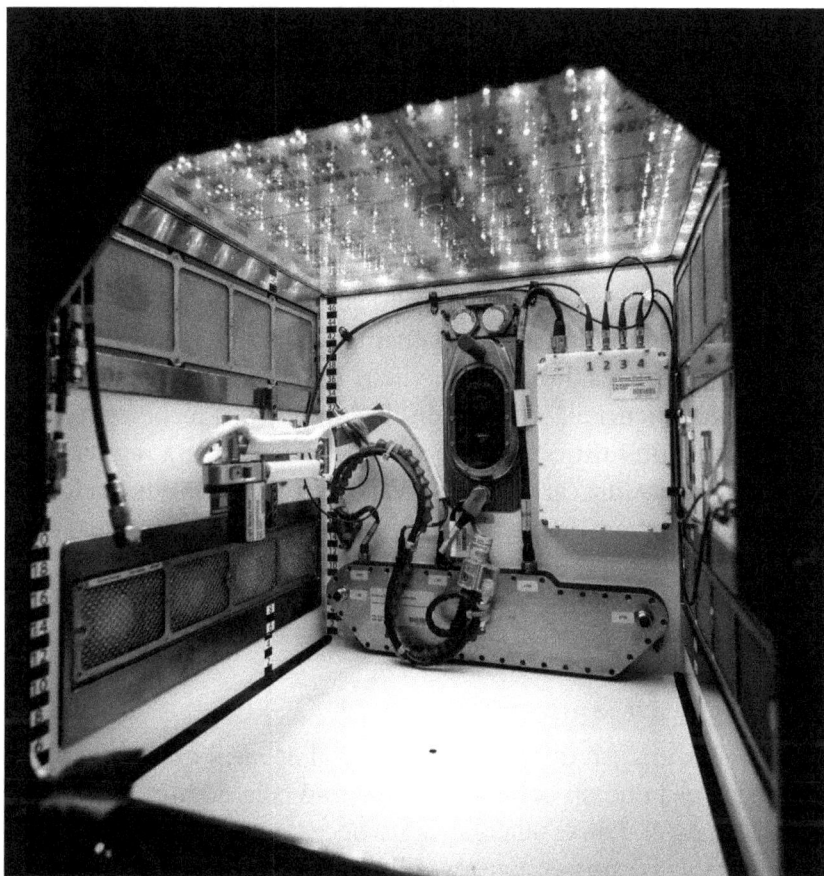

109

ejemplo, un país como España gasta en un solo año más dinero en tabaco (que además tiene un elevado coste en salud y se lleva un buen mordisco del presupuesto total de la sanidad) que toda la inversión europea en la ISS en sus 25-30 años de vida.

Se podrían buscar muchísimos más argumentos para demostrar lo barata que sale la investigación espacial. Por si fuera poco, la ingeniería aeroespacial implica la participación de numerosas ramas de la actividad humana y genera cantidades inmensas de puestos de trabajo, la gran mayoría especializados y de gran valor añadido.

RETORNO DE LA INVERSIÓN EN TECNOLOGÍA
PARA LA CONQUISTA DEL ESPACIO

Los especialistas estiman que por cada dólar que Estados Unidos ha invertido en la carrera espacial ha obtenido diez, y esto atendiendo solo al aspecto económico. Sin embargo, el retorno de la inversión en el espacio puede llegar al cabo de años o incluso décadas. La visión a corto plazo es lo que hace que su valor no se evalúe correctamente.

Nuestra sociedad está recibiendo ahora, en numerosos ámbitos (desde la tecnología hasta la salud), los beneficios de la carrera espacial que se desarrolló entre los cincuenta y los setenta. Las investigaciones que se llevan a cabo actualmente en la ISS obtendrán sus frutos en la próxima generación. Por ejemplo, la necesidad de realizar diagnósticos médicos de las tripulaciones tendrá como consecuencia la fabricación de equipos con tecnología avanzada que en un futuro próximo se podrán desplazar a regiones del planeta que hoy día carecen de servicios médicos básicos. La industria espacial genera nuevos materiales y nuevos conocimientos cuyo uso concreto en el futuro todavía desconocemos. Hasta aquí parece que todo son ventajas, pero ¿cuál es el coste medioambiental de una estación espacial?

LA HUELLA AMBIENTAL

La primera imagen de un lanzamiento al espacio que nos viene a la cabeza es la de un cohete con una gran cola de humo desprendiéndose de él. Esa estela blanca no necesariamente está formada por sustancias contaminantes. Ello depende del sistema de propulsión. Uno de los más utilizados para viajar al espacio ha sido el transbordador espacial. Pues bien, este consumía básicamente hidrógeno y oxígeno, de modo que el resultado del proceso de combustión era vapor de agua. La gran estela blanca estaba compuesta en su mayor parte por vapor de agua. Otros cohetes lanzadores se sirven de otras mezclas, pero habría que evaluar el consumo de combustible de un cohete comparándolo con el de los miles de aviones que surcan la atmósfera del planeta las veinticuatro horas del día. Los propulsores sólidos del transbordador espacial utilizaban en el despegue unas 500 toneladas de combustible.

Un avión comercial ronda los 1.000 litros cada 100 km. Un avión gasta en un vuelo transoceánico el mismo combustible que un transbordador, por lo que contaminan prácticamente lo mismo. Así pues, la puesta en el espacio de un cohete no es comparable, en cuanto a la polución, con el tráfico mundial de aviones.

Otro aspecto relacionado con el lanzamiento de un cohete es su impacto sobre la capa de ozono. La conclusión de los estudios realizados al respecto es que la actividad espacial actual no supera el 1% entre todas las actividades humanas que inciden en la destrucción de la capa de ozono.

En cuanto a la basura espacial, es decir, los restos de los cohetes y satélites que quedan en órbita, su futuro a largo plazo es la caída en la superficie terrestre por el leve pero constante freno que sufren en las capas más tenues de la atmósfera. Los desechos en órbita pierden velocidad y, por lo tanto, van acercándose a la superficie. En algún momento rozarán la atmósfera más densa y finalmente caerán en ella y se desintegrarán en su mayor parte, y las partículas más finas quedarán en suspensión.

Un avión en un vuelo transoceánico y un transbordador gastan el mismo combustible, por lo que contaminan prácticamente lo mismo.

Una gran estructura como la ISS pesa unas 420 toneladas. Suponiendo que volviera a entrar por completo en la atmósfera, en parte se vaporizará y en parte caerá al suelo (o a un océano). El planeta recibe a diario material procedente de los meteoritos con un peso del orden de 100 toneladas. En un año son unas 36.000 toneladas. Es decir, la caída de la ISS a la superficie de la Tierra equivale a la del material extraterrestre que atraviesa la atmósfera cada cuatro días. En la composición de la mayor parte de las aleaciones con las que se fabrican las naves espaciales predomina el aluminio, un elemento a priori inocuo y extremadamente abundante en la Tierra. Si aun así nos preocupa la toxicidad del aluminio presente en una nave, deberíamos preguntarnos antes por los efectos de algo aparentemente tan inofensivo pero de uso tan recurrente como los

Fantástica imagen de la Tierra tomada por la tripulación de la Expedición 35 a bordo de la Estación Espacial Internacional. En primer plano se observa el Canadarm2, el brazo manipulador (SSRMS o Space Station Remote Manipulator System), dirigido por control remoto desde la estación espacial. Construido por Canadá, como se desprende de su nombre, esta es la segunda versión, más sofisticada que la anterior. Fue, lanzado en 2001 en la misión STS-100 del transbordador espacial.

fuegos artificiales. ¿Cuál es la cantidad de fuegos artificiales que arden cada año? Tengamos en cuenta que, en los fuegos artificiales, la combustión se produce a poca altura del suelo, muy cerca de las personas, donde aparte de aluminio hay otros metales y sustancias.

Por lo que respecta a los componentes electrónicos y a los grandes paneles solares de la ISS, están formados por silicio, presente en la mayoría de las playas del planeta, y por otros materiales que en su mayoría se vaporizan a temperaturas tan elevadas como las que se alcanzan en la reentrada en la atmósfera (por encima de los 1000 °C). Y en lo que se refiere al plástico, aún no sabemos qué efecto puede tener la minúscula proporción de plásticos resultante de la desintegración de una nave en la atmósfera (en general, se producirá su combustión y el efecto dependerá de cada tipo).

En todo caso, estará infinitamente alejado del efecto de los vertidos que se perpetran en la superficie del planeta (según estimaciones de la ESA, cada año se arrojan 10 millones de toneladas de plásticos al océano en todo el planeta). Aun suponiendo que un satélite o nave contuviera una pequeña cantidad de plástico contaminante, lo contrarrestaría ampliamente con su labor de vigilancia de la polución planetaria. De todos modos, la NASA ha desarrollado un módulo, el Refabricator, cuya misión es reciclar el plástico de la ISS para convertirlo en un plástico de calidad destinado a la impresión de piezas de mantenimiento de la propia nave. Esto resultará vital en misiones espaciales de larga duración y quizá también sirva para desarrollar tecnologías en la Tierra que contribuyan a reciclar de manera eficiente la gran cantidad de plástico que se produce.

112

EL FUTURO

Una predicción incierta y arriesgada

Desde nuestro presente, el futuro abre muchos interrogantes. ¿Conseguirá la NASA impulsar sus proyectos y explorar más allá de la órbita baja terrestre o situar una estación espacial tripulada en la órbita lunar? ¿Qué papel jugarán los nuevos actores, como China? ¿Iremos de vacaciones al espacio?

Las predicciones siempre resultan arriesgadas, y la mayoría de las veces distan de lo que acaba siendo la realidad. Si abrimos cualquier libro escrito a mediados del siglo XX cuyo autor osó vaticinar cómo sería el mundo en los inicios del siglo XXI, seguramente sonreiremos condescendientes. La mayor parte de lo que hoy se escribe sobre el futuro no ocurrirá, como tampoco mucho de lo que ocurre fue intuido siquiera en el pasado.

A pesar de ello, sí podemos hacer una breve proyección del futuro inmediato, en virtud de las misiones espaciales en fase de estudio (aunque en último término dependen de decisiones políticas o estratégicas, por lo que están sujetos a eventuales retrasos o cancelaciones). El desarrollo espacial es complejo porque se adentra en áreas completamente nuevas y, en consecuencia, no puede ir tan rápido como algunos desearían. Aun reconociendo los grandes pasos que se han dado, los sistemas de transporte espacial son todavía muy primitivos. Los cohetes pueden parecernos un producto de alta tecnología, pero en el espacio son tan poco eficientes como lo fueron antiguamente en la superficie terrestre los carros tirados por caballos o los barcos de vela. El mundo empezó a hacerse pequeño con el invento de los trenes, los aviones y los vehículos propulsados por energías mucho más poderosas que la tracción animal.

ABARATAR LOS VUELOS

La ISS cerrará sus puertas en los próximos años, cubriendo un periodo considerado productivo tras la consecución de muchos de sus objetivos. Sin embargo, este cierre no significa que se abandone la carrera espacial, ni mucho menos. Bajo las nuevas directrices gubernamentales, la NASA tiene la misión de impulsar los proyectos actuales. Así, se prevé dar entrada a nuevos socios comerciales e internacionales para aumentar la capacidad de exploración, esta vez más allá de la órbita baja terrestre (LEO), que se pretende reservar a operaciones comerciales con el soporte y la experiencia de la propia NASA.

Uno de los objetivos que se han fijado para la primera mitad de la próxima década es situar una estación espacial tripulada en la órbita lunar o sobre la propia superficie del satélite. Se conoce como Lunar Orbital Platform-Gateway y contaría con los socios que ya han participado en la ISS, siendo los principales actores la NASA, la ESA y Roscosmos. Una presencia humana estable en la superficie lunar permitiría realizar una intensa campaña de exploración robótica del satélite. Es evidente que se orientaría al estudio de los recursos explotables de la Luna. Por otra parte, serviría de campo de entrenamiento para eventuales misiones a Marte.

Aun así, estos planes no garantizan la participación de los socios actuales, dado que están sometidos a cambios de orientación política y económica. Por ejemplo, en este momento no está claro el camino que tomará Rusia, si construirá su propia estación en la LEO o no. Otro actor que debemos tener en cuenta en este futuro inmediato es China, que ya dispone de una estación espacial y parece que pretende crear una estación modular como la ISS. Tomando en consideración el fuerte crecimiento del gigante asiático en el sector espacial, cuesta pronosticar el papel que acabará jugando en los próximos años.

Actualmente se están trazando muchos caminos a la vez que no está claro que vayan a confluir en el futuro. Por un lado, hace ya tiempo que Europa se sumó a las potencias espaciales tradicionales, Estados unidos y Rusia, y ahora China irrumpe con fuerza. Además, empresas privadas como SpaceX, Blue Origin o Boeing están empezando a desarrollar y ofrecer servicios que hasta ahora estaban reservados a las agencias espaciales. Esta oferta abaratará los vuelos espaciales, como ocurrió en su día con los vuelos de avión, aunque sin olvidar que el espacio sigue siendo un entorno inhóspito y agresivo, cuyos riesgos no conviene menospreciar.

En definitiva, parece que las agencias espaciales más importantes se centrarán en el desarrollo de grandes proyectos, como las estaciones espaciales en órbita lunar y los viajes tripulados a Marte, dejando la LEO para las empresas privadas y otras agencias espaciales.

LOS LÍMITES DE LA TECNOLOGÍA Y EL SER HUMANO

La experiencia nos muestra que muchos de los límites que se antojaban infranqueables se rompen una y otra vez. Tomemos como ejemplo el ferrocarril. Cuando se inventó, se decía que el cuerpo humano no sería capaz de soportar su velocidad.

Casi dos siglos después, nadie se plantea tal cosa al subir a un tren, ni siquiera a uno de alta velocidad; tampoco cuando embarca en un avión, que además se desplaza en un entorno hostil para la vida humana. Desde los primeros vuelos en globo que bordeaban los límites respirables de la atmósfera hasta los miles de vuelos diarios en avión que superan tales límites, ha pasado un tiempo relativamente corto en la historia de la humanidad. Salta a la vista que allí donde el ser humano no llega por sus condiciones físicas, lo hace aplicando su inteligencia y creando la tecnología necesaria para sobrevivir, ya sea en el fondo del mar o en el espacio exterior.

El deporte y la investigación médica, especialmente en el espacio, han establecido los límites físicos del ser humano antes de poner en peligro su salud. Hoy conocemos la aceleración máxima que puede soportar el cuerpo, cuánto oxígeno hay que respirar, el agua que debemos consumir para conservar nuestras facultades, el umbral de radiación ionizante para no desarrollar enfermedades letales o la cantidad de sueño reparador o de ejercicio que precisamos para no caer enfermos, así como cuántas calorías diarias se recomienda consumir como mínimo. Pero aún no se ha encontrado un límite a la inteligencia humana, lo que nos permite adaptar o crear los entornos necesarios para sobrevivir.

Así pues, aunque sabemos que una persona nunca podrá viajar por el espacio como si caminara por una playa, sí que albergamos ciertas esperanzas de que será capaz de fabricar los elementos necesarios para poder viajar en el entorno más hostil de todos, el espacio. Hasta ahora, el único límite es el tiempo que se requiere para crear esos elementos de supervivencia, esa tecnología con la que adaptarnos a cualquier entorno imaginable. Sin embargo, nos asalta la duda de si seremos capaces de seguir conquistando el espacio antes de emplear esa misma tecnología para autodestruirnos. Y esa, desgraciadamente, es la mayor de las dudas que suscita el futuro de la exploración espacial.

TURISMO EN EL ESPACIO

Cada época crea nuevas formas de ocio en función de las circunstancias. El turismo tal como lo entendemos hoy día es una actividad con apenas un siglo de vida. Nació cuando las personas pudieron desplazarse fácilmente por el territorio. En ello tuvo mucho que ver una invención importante, la del automóvil, posiblemente el verdadero impulsor del turismo a gran escala, luego reforzado por otros mecanismos.

El turismo espacial no es sino un paso más allá. El tiempo de ocio empleado para conocer nuevos lugares tiene su continuación natural en el espacio: un fin de semana en una estación espacial para admirar la Tierra o para disfrutar del silencio cósmico (si los aparatos en funcionamiento de la estación lo permiten). Sea como sea, esta nueva era ya ha empezado. Entre los precursores del turismo espacial se cuentan los tripulantes de los vuelos organizados por los países del Pacto de Varsovia, cuyos viajes al espacio estaban a medio camino entre la utilidad científica y la propaganda de la URSS. Al otro lado del océano, varias personas del ámbito civil que no eran astronautas viajaron al espacio antes del año 2000, con la financiación de diferentes empresas o instituciones, para vivir nuevas experiencias.

Pero, propiamente hablando, el primer turista espacial fue el magnate estadounidense Dennis Tito, que en el 2001 pagó unos 20 millones de dólares a la Agencia Espacial Rusa para viajar a la ISS. Pese a las objeciones de la NASA, fue entrenado y estuvo acompañado por una tripulación rusa. En ese momento Rusia necesitaba financiación para su programa espacial y amenazó con abandonar el proyecto de la ISS si la NASA seguía oponiéndose al viaje de Tito. Posteriormente han viajado al espacio varias personas que no se consideraban turistas espaciales pero que tampoco se dedicaban a tareas de investigación.

Ya hemos mencionado que diversas empresas privadas compiten por ser las primeras en llevar turistas al espacio, entre ellas algunas muy conocidas como Virgin Galactic, Blue Origin o SpaceX. Probablemente en años venideros se convierta en una actividad habitual. Es posible que si la ISS abandona la investigación espacial y es vendida a empresas particulares, como prevén algunas voces, se transforme durante unos años en una especie de hotel espacial para multimillonarios. Porque lo cierto es que la inmensa mayoría de los humanos aún no pueden ni soñar con disfrutar de un fin de semana en el espacio.

GLOSARIO

Apogeo. En una órbita elíptica, punto en el que los dos cuerpos que definen la órbita se encuentran más alejados. En este punto, la velocidad orbital es la mínima posible.

Ariane. Cohete lanzador europeo. La versión actual es la 5.

Astronauta. Persona que tripula una nave espacial o que trabaja en ella.

Centro de control de la misión (MCC). Llamado a veces Centro de Control de Vuelo o Centro de Operaciones, es el lugar desde donde se controlan los vuelos espaciales.

Cosmonauta. Es el término empleado en el ámbito ruso para designar a los astronautas.

CSA (Canadian Space Agency). Agencia Espacial Canadiense.

Ecuación del cohete de Tsiolkovski. Ecuación que liga todas las variables esenciales del movimiento de un cohete.

Energía cinética. Es la energía que posee un cuerpo por el hecho de moverse a cierta velocidad.

Energía potencial. Es la energía que adquiere o libera un cuerpo al desplazarse de un punto a otro del campo gravitatorio.

ESA (European Space Agency). Agencia Espacial Europea, integrada por diversos países (actualmente 22), que canaliza los esfuerzos conjuntos de los proyectos espaciales.

Excentricidad (de una elipse). Parámetro que mide cuánto se aparta una elipse de la forma circular pura.

Fuerza de fricción con la atmósfera. Fuerza que ejerce la atmósfera en un cuerpo que la atraviesa. En el caso de una nave espacial, esta fuerza es suficientemente importante para que se alcancen temperaturas muy elevadas (por encima de los 1.000 °C). En el caso de un meteorito, es todavía mayor y lleva a su vaporización o desintegración.

Gravedad. Fuerza con la que se atraen entre sí dos cuerpos cualesquiera del Universo por el hecho de poseer masa. Actúa a todas las escalas, desde las partículas hasta las galaxias.

ISS (International Space Station). Siglas en inglés de la Estación Espacial Internacional.

JAXA (Japan Aerospace Exploration Agency). Agencia Espacial de Japón.

Lanzadora espacial. Sinónimo de transbordador espacial. Es la traducción de Space Shuttle.

Larga Marcha. Familia de cohetes lanzadores chinos destinados a dar soporte a todo el programa espacial de China, desde la puesta de satélites en órbita hasta el lanzamiento de los módulos de las estaciones espaciales.

Leyes de Kepler. Leyes establecidas por Johannes Kepler sobre el movimiento de los planetas alrededor del Sol.

Leyes de Newton. Leyes formuladas por Isaac Newton acerca del movimiento de los cuerpos.

Lunar Orbital Platform-Gateway. Nombre provisional de la infraestructura que se prevé que sustituya a la ISS en los próximos años, pero situada en el entorno de la Luna.

MCC (Mission Control Center). Véase Centro de control de la misión.

Mecánica clásica. Parte de la física que estudia el movimiento de los cuerpos, fundamentada en las leyes de Newton.

Mecánica relativista. Mecánica clásica modificada por la teoría de la relatividad de Albert Einstein.

Mir. Estación espacial rusa heredera del programa Saliut y mejorada en capacidad y prestaciones. Fue la primera estación ensamblada en órbita.

NASA (National Aeronautics and Space Administration). Agencia espacial estadounidense.

Órbita. Trayectoria que sigue un cuerpo alrededor de otro en el espacio.

Orion. Vehículo espacial de nuevo diseño de la NASA para transportar tripulaciones en viajes hasta la Luna como mínimo.

Perigeo. Punto en el que los dos cuerpos que forman una órbita se encuentran más próximos. En este punto, la velocidad orbital es la máxima posible.

Protón. Cohete lanzador ruso para naves sin tripulación, destinadas a transportar carga.

Reentrada en la atmósfera. Maniobra que debe llevar a cabo cualquier nave para regresar a la Tierra. Dependiendo de la órbita y de la velocidad, es una maniobra que debe realizarse con precisión, bajo el riesgo de desintegrar la nave o perderla en el espacio por un efecto de rebote.

Relay Satellite. Satélite repetidor intermediario usado para comunicaciones espaciales. Habitualmente permite que la nave esté en contacto con las antenas terrestres, sea cual sea su posición en la órbita.

Roscosmos. Agencia Espacial Federal Rusa, formada después de la desintegración de la Unión Soviética para la gestión de los proyectos espaciales.

Saliut. Primer programa de estaciones espaciales rusa. Incluyó el lanzamiento de diversas estaciones.

Segmento Espacial. En las telecomunicaciones espaciales se llama así al conjunto de equipos en el espacio que permiten las comunicaciones, sean satélites intermediarios en órbita (véase Relay Satellite) o la propia nave o satélite destinatarios de las comunicaciones.

Segmento Terrestre. En las telecomunicaciones espaciales, todo el conjunto de instalaciones en tierra del sistema completo de comunicaciones.

Skylab. Estación espacial y laboratorio puesto en órbita por la NASA.

SLS (Space Launch System). Nuevo cohete lanzador de la NASA para misiones de espacio profundo.

Soyuz. Nave rusa de transporte de astronautas. Actualmente es el único vehículo operativo para llevar astronautas a la ISS.

Space Shuttle. Otro de los nombres usados para el transbordador espacial. *125* En inglés significa «Lanzadora espacial».

STS (Space Transportation System). Nombre oficial del transbordador espacial. Véase Transbordador espacial.

Tiangong. Programa de estaciones espaciales chinas, desarrollado ante los impedimentos de que China participara en el proyecto espacial de la ISS. Significa «Palacio celestial».

Transbordador espacial. El nombre oficial era STS (véase en este mismo glosario). Conjunto de cinco naves estadounidenses destinadas al transporte de carga y astronautas para misiones en órbita baja. Al cabo de treinta años, después de 135 misiones, el proyecto fue cancelado. Sufrió dos accidentes catastróficos en los que perdió dos naves con sus tripulaciones.

BIBLIOGRAFÍA RECOMENDADA

○ Brzezinski, Matthew, **La conquista del espacio,** trad. de Julio A. Sierra, El Ateneo, Buenos Aires, 2008. La carrera armamentística de las dos superpotencias que las llevó al espacio.

○ Gorn, Michael, NASA. **The Complete Illustrated History,** prólogo de Buzz Aldrin, Merrell, Nueva York, 2005. Historia de la NASA. (Publicado en otros idiomas, como francés y alemán.).

○ Hawking, Stephen (ed.), **A hombros de gigantes: Las grandes obras de la física y la astronomía,** trad. de David Jou et al., Crítica, Barcelona, 2003. Recopilación de textos de Copérnico, Galileo, Kepler, Newton y Einstein.

○ Ley, Willy, Rockets, **Missiles and Space Travel,** Chapman & Hall, Londres, 1951. Historia de la astronáutica anterior a la era espacial.

○ Pyle, Rod, **Destination Moon: The Apollo Missions in the Astronauts Own Words**, Carlton Books, Londres, 2005. Resumen y detalles de las misiones Apolo a la Luna.

○ Verne, Julio, **De la Tierra a la Luna y Alrededor de la Luna**. Ambas novelas están disponibles en múltiples ediciones. De lectura imprescindible, muestran cómo se imaginaba un viaje espacial hace un siglo y medio, y cómo intentaría resolver el genial escritor francés algunos problemas del viaje.

○ Zimmerman, Robert, **Adiós a la Tierra: Estaciones espaciales, superpotencias rivales y los viajes interplanetarios**, trad. de César Mora, revisión técnica de Javier Casado Pérez, Melusina, Barcelona, 2005. Según Arthur C. Clarke (autor de 2001: Una odisea del espacio), «uno de los mejores relatos del impulso hacia el espacio».

○ Aparte de los libros, actualmente las páginas web de las agencias espaciales son las principales fuentes sobre la Estación Espacial Internacional. Contienen una cantidad ingente de información sobre todos los aspectos de la estación. Aquí se citan los correspondientes enlaces (que, puesto que las páginas web son entornos dinámicos, podrían cambiar en el futuro):

Página web de la Agencia Europea del Espacio sobre la ISS.

○ https://www.esa.int/Our_Activities/Human_Spaceflight/
International_Space_Station

Página web de la NASA sobre la ISS.

○ https://www.nasa.gov/mission_pages/station/main/index.html

Página web de la NASA sobre la ISS.

○ https://www.nasa.gov/multimedia/nasatv/index.html#iss

**Enlaces en la página web de la NASA que permiten ver imágenes
en directo de la Tierra desde la ISS.**

○ https://www.ustream.tv/channel/iss-hdev-payload

TÍTULOS DE LA COLECCIÓN

Inteligencia artificial
Las máquinas capaces de pensar ya están aquí

* * *

Genoma humano
El editor genético CRISPR y la vacuna contra el Covid-19

* * *

Coches del futuro
El DeLorean del siglo XXI y los nanomateriales

* * *

Ciudades inteligentes
Singapur: la primera smart-nation

* * *

Biomedicina
Implantes, respiradores mecánicos y cyborg reales

* * *

La Estación Espacial Internacional
Un laboratorio en el espacio exterior

* * *

Megaestructuras
El viaducto de Millau: un prodigio de la ingeniería

* * *

Grandes túneles
Los túneles más largos, anchos y peligrosos

* * *

Tejidos inteligentes
Los diseños de Cutecircuit

* * *

Robots industriales
El Centro Espacial Kennedy

* * *

www.ingramcontent.com/pod-product-compliance
Lightning Source LLC
Chambersburg PA
CBHW071152200326
41519CB00018B/5196